U0281543

弦论小女孩的
相对论课

周思益（ @弦论世界 ） 李松寒◎著

電子工業出版社·
Publishing House of Electronics Industry
北京·BEIJING

内 容 简 介

本书是弦论小女孩系列（如果有的话）的开篇之作，目标读者是青少年朋友和具有中学知识的物理爱好者，此外，家长也可以陪伴小朋友阅读此书，从而提升科学素养。本书内容可大致分为五部分：引子、狭义相对论、广义相对论、数学知识和附录。引子综述了本系列计划涵盖的内容，狭义相对论和广义相对论是本书主要知识，数学知识是为理解本书中的物理以及帮助物理学习的简单科普，附录则是给意犹未尽的读者提供的更加深入的知识。

图书在版编目（CIP）数据

弦论小女孩的相对论课 / 周思益，李松寒著. —北京：电子工业出版社，2022.10

ISBN 978-7-121-44352-7

Ⅰ. ①弦… Ⅱ. ①周… ②李… Ⅲ. ①相对论－青少年读物 Ⅳ. ①O412.1-49

中国版本图书馆CIP数据核字（2022）第183094号

责任编辑：张月萍
印　　刷：中国电影出版社印刷厂
装　　订：中国电影出版社印刷厂
出版发行：电子工业出版社
　　　　　北京市海淀区万寿路173信箱　　邮编：100036
开　　本：880×1230　　1/32　　　印张：6.25　　字数：160千字
版　　次：2022年10月第1版
印　　次：2023年2月第2次印刷
印　　数：8001~11000册　　定价：69.00元

凡所购买电子工业出版社图书有缺损问题，请向购买书店调换。若书店售缺，请与本社发行部联系，联系及邮购电话：（010）88254888，88258888。

质量投诉请发邮件至zlts@phei.com.cn，盗版侵权举报请发邮件至dbqq@phei.com.cn。

本书咨询联系方式：（010）51260888-819，faq@phei.com.cn。

今天，我想给大家讲**一个读书人的故事**，如果我自己算得上的话。

从认字认得差不多开始，我就能自己读书了。母亲总是带我逛图书城，让我**找自己感兴趣的书看。我从来都是自己选书看，这事家长替代或强迫没什么用，任何强迫式学习都是徒劳的。**

小学时，学文学的妈妈让我看《红楼梦》，可是那时候除了"角色好多啊""林黛玉好可怜呀"之类的想法，我没有更多的感受。反倒是《哈利波特》《郑渊洁童话》《格林童话》《安徒生童话》《西游记》《福尔摩斯探案全集》，还有青少年版《史记》《资治通鉴》等，让我看得津津有味。

有些家长认为孩子读不懂的书，也许孩子能读懂；反过来，有些家长以为孩子读得懂的书，孩子当时真的读不懂，或者不感兴趣。所以我觉得：书，还是得自己来选。

现在很多"鸡汤文"说：当时家长不强迫自己，自己就不能成才。对此我是存疑的：强迫就像赌博一样，孩子有可能在重压下成才，但很多孩子在重压之下一辈子都不想学习了，这个后果是需要孩子和父母双方同时承担的。孩子的一时兴起，之后想要放弃也是正常的，**家长可以给他们一些正向反馈，引导他们坚持下去。**

我的爷爷是一位高中物理教师，在我小时候，他就给我表演各种"神迹"，比如小孔成像。他制作了各种各样的物理教具，都是之前上物理课用的，总是表演给我看，非常有意思。**我很幸运有一位很好的启蒙老师。**

　　回想起来，中学时光是有趣的，我的生活里把读书和活动连接得很好，书内书外的一切都很有意思。

　　《三国演义》应该给不少青少年带来过阅读的乐趣，各具特色的人物角色、巧妙的谋思，还有酣畅淋漓的战斗……我现在还记得，那时候一见到我妈闲下来，就去跟她说三国的情节，巴拉巴拉一个细节都不舍得漏下。有一次，语文课上要讲《舌战群儒》，老师让我们分角色扮演，我第一个报名，扮演诸葛亮。我至今仍然记得当时的场景——我用树叶制作了诸葛亮的帽子，大骂薛综："薛敬文安得出此无父无君之言乎！"当时演薛综的那个同学被我骂得踉跄地退后了几步，差点摔倒，有意思！

　　兴趣是最好的老师啊！

　　但让我印象最深的是诸葛亮的智者形象，他的言行和德行总是给人一种世外高人的感觉，我也想成为那样的人。所以，在家人的帮助下，我就去找那些能让自己变聪慧的书。**那时候读了《苏菲的世界》《七天教你读懂哲学》等哲学科普书，我特别入迷，深深地陷进去了。**其中讲到的叔本华的思想"向左痛苦，向右空虚"，我觉得非常有道理。书里还有哲学之外的小故事，比如叔本华人品不好、叔本华和黑格尔抢课堂、休谟的怀疑论等，我也觉得特别有意思。

　　小时候种下的兴趣，会影响后来选择的阅读方向。高中几年实实在在读了很多的科普、科幻书。**对我影响最大的是霍金的《时间**

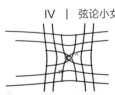

简史》一书，觉着他知道时间那么奥妙的事物，我就像小时候崇拜诸葛亮那般尊敬他。现在看来，偶像的模范力量也很重要，当时自己就觉得要向偶像学习。那时候班上还有几个跟我一样喜欢物理的同学，我们经常一起交流。还有几个同学订阅了《科学美国人》杂志，经常传阅。

我的兴趣是广泛的。初二时正逢世界杯，作为女生，我却也跟大家一样痴迷。令我印象最深的是一场澳大利亚对阵日本的比赛，澳大利亚直到第82分钟还0比1落后于日本，最后8分钟，连进3球。还有那届世界杯上，宝刀未老的齐达内表现神勇，这些都让我感受到：没有什么不可能，只要你有梦想。

在那个时期，我同时意识到，学习科学需要有图像思维。每当我看到一道物理题之后，我的眼前就真的会出现一辆小车在动，最后停在那儿了——我的大脑里总是会有一处空间放着这些想象出来的"小玩具"。**即使现在思考相对论、弦论，我也总能"脑补"出很多描绘它们的画面和情景。我相信大家都有这样的天赋，只不过没有拿来好好应用。**举个例子，一提起钟摆，大家肯定脑子里会有画面感，钟摆在来回不停地摆动，从左到右、忽上忽下地做着动能和势能的交换。

有一双物理的眼睛，意思就是说能看见公式后面的"物理图像"，可不是看什么都要思考它的运动方程，那样就累死了。看到和理解"两个铁球同时落地"的含义，要比学会用 $F=ma$ 重要得多。

费曼就是物理图像大师，他的学习方法对我有非常大的影响。他学了任何知识，都会马上给小学生讲课，让小学生也能听懂。费曼发明的费曼图，用图像简化了物理学家们苦苦纠结的公式推导。爱因斯坦的图像思维就非常强大，他想象自己骑着光，后来也因此发现了狭义相对论和广义相对论。爱因斯坦对全人类的博爱也令人感动。物理学家并不像很多人想象得那样，是每天读书、运算的书呆子，物理学家其实都是非常有趣的人。

同时，我也很喜欢文学。我时常觉得文学所描绘的世界，如果不学物理，是很难理解的。我们会感慨清晨所见的第一束光，会赞美夕阳下五彩斑斓的晚霞。**可是我们却少有人知道太阳发光的具体机制，成为一个知道太阳如何发光的人不也很浪漫吗？**

所以，**我总是想，如果我能将自己在物理世界里的所见所闻，像讲故事一样描绘给青少年们，该有多好！**

考上心心念念的中科大（中国科学技术大学）后，《费曼物理学讲义》《物理世界奇遇记》《别闹了费曼先生》《爱因斯坦传》《三体》这些书，以及学校里所学的知识，都大大地改变了我对世界的认知。**直到现在，在学习了描述宇宙的弦论之后，我仍忘不了第一次真正接触它时的感动。**

所以，我把这份感动，和自己思维里的画面，再加上些自己仍保留的孩子气，一点一滴融汇，雕刻出《弦论小女孩》系列小文，或许叫"科普童话"更贴切些吧！

像费曼那样，我虚拟出了一位小女孩，以一半童话，一半小说，还有对理论图片式的描绘为目标不停地写着，期待能与大家见面！

周思益

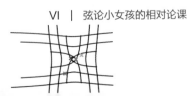

序言二

如果想欣赏一部文学艺术作品，最好是掌握这个作品的语言文化，熟悉作者所在的时代背景，而做到这一点需要的是长时间的漫长积累。从语法、词汇一点一点学习的过程常常是枯燥乏味的，但一旦熟悉了作品所用的语言，就能更彻底地体会作品的美。

人类智慧的结晶都是美丽的。麦克斯韦方程组简洁而优雅，广义协变性原理是爱因斯坦最美妙的创见，微分几何更是如诗歌一般美丽。但是要理解它们，必然要经历大量的知识积累，就像学习新的语言的过程一样。

可是人的一生是有限的，所以我们常说"术业有专攻"。我不会仅仅为了能舒服地看懂《纸钞屋》就去学习西班牙语，否则就没有时间去做其他更有意思的事情了。同样地，我们也不可能期望所有人都愿意静静地坐下来，一点点积累，直到能看清楚现代物理理论的轮廓。但如果你是愿意学习如何欣赏物理和数学之美的一员，那么我希望你能在本书中和思思一起，耐心思考，每一课之后都更深地体会到智慧之美。

无论是诗歌、建筑、中国画，还是物理、数学、古生物，每个领域的学习、练习和积累，都像在不停地登山。起初在茂密的山林里，看不到多远的地方，只能埋头一步一个脚印地往上走。不知从什么时候起，树林变得稀疏了，开始能看到曾经被遮挡的远方。最后爬上山顶时，放眼望去，世界的模样尽收眼底，一目了然。登完一座山，还有更多的山，穷尽一生也只能享受其中一部分。每当我登上一座小小的山峰时，总是忍不住想分享这份震撼的情感，尝试向没有见过山顶的人描述一览众山小的体验。但能说出来的，最多也就是"空气闻起来有淡淡的土腥味，冷风吹得人精神振奋，我们生活的山村从山顶望去时显得那么渺小，让人感觉自己只不过是无边自然中微不足道的灰尘"；也许还能说一说，自己看到其他的山峰，总会猜测山的那一头会有什么样的神奇存在。说得再多也是苍白的，没登山的人无法真正体会这种情感。

已经登上一座山的人，可以在山上插满路牌，指引正确的路，让后来者少走弯路，但从山脚到山顶的那段路仍然需要后来者实实在在地亲自走一遍。不要怕山峰险峻，也不要担心别人评头论足。想体会奇奇怪怪的画到底美在哪里，想知道某个外语梗为什么惹人发笑，想明白天书一般的数学符号到底在表达什么，就静下心来去学习、去练习，慢慢啃明白感兴趣的东西，掌握必要的技能，然后为自己每一步攀登而高兴，这就够了。也许不知不觉中，一抬头，就发现已经来到了山顶，回首望去，终于欣赏到前辈口中壮丽的风景带来的震撼。这时的你，也许同样会想向后来者分享这份情感，甚至抑制不住继续攀登更多、更高山峰的冲劲。人类的智慧，不就是这样一点点传承、积累下来的吗？

我想，各行各业莫不如此，只要有兴趣，以及由兴趣带来的**耐心**，那就没有所谓天赋的门槛。山，就在眼前；路，就在脚下。踏踏实实地把每一句话都读懂，我相信本书一定能给你打开一个新世界。

李松寒

目录

引子
物理学天空的两朵乌云

思思的家啊，真不愧是书香门第。大大的书柜里整整齐齐罗列的书，多到思思都"久居书堆不闻墨香"了。

这都是大文豪妈妈的功劳。不知道是妈妈刻意的引导，还是无意的潜移默化，思思从小也都在捧着书看，好像生活就应该是这个样子。

> "牛顿是从前的一个英国大科学家，他说了三句话，这三句话很神的，它把人间天上所有东西的规律都包括进去了，上到太阳月亮，下到流水刮风，都跑不出这三句话划定的圈圈。"

合上刘慈欣的《乡村教师》，思思印象最深刻的不是牛顿的思想以浓重西北方言的童音回荡着的场景，也不是厉害的外星人感叹教师伟大的讨论会。她最念念不忘的是魔法般的牛顿三定律。

思思好奇心特别旺盛，从小就喜欢追着大人问为什么。孩子"天真"的问题往往直指事物的本质，思思追问的那些自然现象，大人们早在生活中习以为常了，但真要回答起"为什么会这样"，却又总是很难说清。思思只好自己观察，自己总结，慢慢地在心里构筑起理解世间万物的框架，就像一个大篮子一样，把思思对大自然的理解和思考都装进去了。可是世界好大啊，有那么多令人眼花缭乱的现象，思思脑海里的篮子越装越多。但现在无意中在小说里读到的牛顿三定律，竟然把她思考的结晶都融合在三句话里。思思感到思维一下子清晰了，同时也为竟然有如此简洁地总结自然规律的方法感到震撼。

那天晚上，思思念叨着牛顿三定律进入了梦乡。就是在这个梦里，她第一次见到了那个很小的女孩，看上去才 5 岁。

小女孩对她说："看来你已经摸到了弦论世界的大门了呢。"

思思对这个词很陌生："弦论世界？那是什么？"

"弦论就是解释世间万物的规律。"

思思感觉自己明白了："所以牛顿说的三句话就是弦论吗？"

小女孩咯咯笑起来，像个天真无邪的小妹妹。她跑到思思面前，踮着脚摸了摸思思的脑袋，又像一个小小的姐姐。她告诉思思："不是的哦，弦论比牛顿的三定律解释的东西可多多了。唉，其实在弦论世界里的大家看来，牛顿三定律才是超级复杂的呢，可你们人类不一样，你得先学明白牛顿力学，再学习量子呀相对论呀等好多东西，才到弦论世界呢，可麻烦了。"

"那你是来带我直接进入弦论世界的吗？"思思眨巴着忽闪忽闪的大眼睛。

"不行哦，你还没有准备好。"

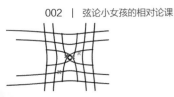

"那我怎么样才能准备好呢？"

小女孩歪着头想了想："好好学习，特别是理论物理哦。等你准备好的时候，我自然会来找你的。"

思思感到很泄气："你又不带我逛弦论世界，却又要告诉我它的存在，简直是存心吊人胃口嘛！"

"呵——"小女孩伸了个懒腰，"那走之前，我给你讲讲你们人类的科学，是怎么从牛顿理论发展到弦论的吧，这样你会踏实些吗？"

小小的思思拍起手来："好啊好啊，一定是最棒的睡前故事！"

"嘻嘻嘻！"小女孩抱着肚子笑，"你本来就在梦里啊！"

思思捏了捏自己的耳垂："哦。"

小女孩一手背在背后，一手握拳放到嘴边，清了清嗓子，俨然一副说书先生的模样。

"牛顿三定律描述的是物体的运动规律，有了这几句话，你们人类终于能解释世间万物的一切了。地球因为引力而被束缚在太阳周围，热量是分子运动的体现，水波是水分子互相拉扯的结果，这些现象全都逃不出三定律划定的圈圈。

"人们称赞牛顿，说'天不生牛顿，万古如长夜'，听听，多高的评价呀！于是物理学家们飘飘然了，觉得他们已经理解了一切，物理学只需要修修补补一些细节就好了。

"但不是所有人都盲目乐观了哦。让我回忆一下是哪一年……哦对了，1900 年 4 月 27 日，开尔文在一次讨论会上做了一个演讲，叫什么'物理学天空的乌云'，提醒大家在看似清晰的牛顿动力学中仍然存在着无法解释的两朵乌云，一个和热量有关，一个和光有关。

"我们一个一个分开说哦。和热量有关的乌云呢，就是黑体辐射的能量，你可以理解为把封闭得严严实实的微波炉钻出一个小孔，看它运行的时候从小孔里辐射出多少能量来。"

思思问："微波炉的能量有什么问题呢？难道它还会爆炸吗？"

小女孩说："问题就在这里呀！微波炉能产生很多电磁波，是它们把能量传递给水分子等极性分子，才把食物加热的。科学家们把电磁波当作牛顿三定律所描述的机械波，算出来的结果是频率越高的辐射，放出来的能量也就越大，结果总能量就是无穷大了，微波炉应该爆炸的。可是微波炉不会爆炸，你们把这叫作'紫外灾难'，不是微波炉的灾难，是理论物理学的灾难。"

"要真会爆炸就太可怕了。"思思说。

"后来，一个叫普朗克的年轻人想到了一个办法来解释这个问题。他用数学工具摆弄黑体辐射的公式，倒来倒去弄出了一个新的公式，用它得出的结果和人们早就用空腔实验得出的黑体辐射公式非常接近。

"这是因为呀，普朗克的新公式暗示着，看似连续的电磁波，其能量却并不连续。每个波长就像是一种固定面值的货币，比如波长是λ的波就代表5元的纸币，波长是λ/2的波就代表10元的纸币。纸币只能一张一张地数，不存在0.5张纸币，所以不可能用5元纸币凑出2.5元。想要凑出2.5元，可以拿1元和5角的硬币来。电磁波也一样，一段固定波长的电磁波的能量不能取任意数值，而只能是某个固定数值的正整数倍。这样一来，电磁波的能量就不是连续的了，而是间断的，每种波的能量都只能是对应的'单位能量'的正整数倍。

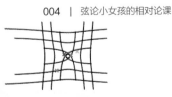

"于是很多不应该存在的波就这么被排除掉啦。原来同一个频率的波，所有能量都被考虑进去了，现在只取某个基本能量的整数倍，而把像 0.5 倍啊，1.23 倍啊，甚至 π 倍等非整数倍全给排除在外了，这样计算下来发现微波炉不会爆炸，而且还完美符合了实验现象，'紫外灾难' 就这么解决了。"

"哇……"思思忍不住叫出声来，"也就是说，之前计算出微波炉会爆炸的结果，就是因为把 '0.5 张 5 元纸币' 也计入账上，结果这些不存在的数目导致算出来的总钱数变成了无穷大，对吗？"

"没错。就这样，普朗克用他的新辐射公式打开了量子世界的大门。量子就是 '组成单元'，像电磁波的组成单元就叫光量子，简称光子。之后，一个叫德·布罗意的年轻人大胆猜测，任何物质都和电磁波一样，是由一个一个的量子组成的。"

思思若有所悟："一张 5 元纸币也是 '钱' 的量子，5 元纸币只能凑出 5 元、10 元、15 元，要凑出 6 元就得用上另一个 '钱' 的量子，也就是 1 元纸币。"

"没错，很聪明嘛。"小女孩竖起大拇指。

思思不好意思地挠了挠头。

小女孩接着说："从德·布罗意开始，人们把一切物质都解释成不同的量子组成的系统，每种量子又都是一种波，就这样建立起了量子力学，解释了好多好多牛顿解释不了的现象。"

思思糊涂了："等一下，量子我能理解，就是一个一个的小球嘛；可是波又不是小球，怎么说量子都是波呢？"

"你看你，我说过量子是小球吗？"小女孩叉起了腰，"我们刚才对量子的描述，只用到了 '间断' 这一个性质，根本没说过它一定长什么样子，对不对？就拿微波炉里的一段电磁波来说，它的能量只能取一个最小值的整数倍，所以处在这个最小能量下的电磁波就是一个量子，但同时它也是一段波动，你看，并不冲突嘛。波和粒子是同一种东西的不同侧面，就像一枚硬币的两面，一面是菊花，一面是数字，你说硬币上印着菊花是对的，说印着数字也没错。"

"哦！"思思点着头，恍然大悟。

"量子力学很厉害，但它还是不能解释一切。最起码，它没法解释'粒子数'改变的现象，比如一个电子吃掉了一个光子获得能量，这时候光子就少了一个；又或者一个质子吃掉了一个电子变成中子，这时候质子和电子都少了，但中子却多了。量子力学里没有任何关于粒子数改变的描述，所以人们又开始在它的基础上寻找能描述这些现象的新理论。"

思思急忙追问："那他们找到了吗？"

"找到了呀，大家管这个新理论叫'量子场论'。它认为呀，每一种物质其实是一种场，它的量子就是场的不同状态。不同的场之间可以相互作用甚至相互转化，这样就可以描述粒子数改变的现象了。"

思思拍起手来："量子场论真厉害！这下我们就解释了一切了吧？"

"嘿嘿！"小女孩狡黠地笑笑，"还记得天空中的另外一朵乌云吗？"

"我记得！是和光有关的！"

"对喽，这朵乌云可让量子场论到现在都焦头烂额呢。"

"我记得你刚才说，电磁波的量子就叫光子，所以电磁波就是光，

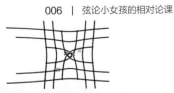

对不对？那量子场论应该解释了光呀，还能有什么问题呢？"

"嘿嘿，和光有关的阴影带来的问题可不止这些哦。当时大家纠结的是光速和光的介质的问题。你想呀，光也是一种波，那它总得是某种介质的振荡吧？就像水波是水分子运动产生的一样，光是什么东西运动产生的呢？"

思思很敏锐："波一定是物质运动产生的吗？"

"唉，还真不是。只要是一种能把自身扰动传递给附近的东西，就可以形成波。比如水波，你可以看成是水面上不同的地方有不同的水位，水位高于附近的地方倾向于把自己的水位分享到附近，这样就把'水位变化'给传递出去了，形成水波。声波也是类似的，将'分子密度变化'传递了出去。虽然水波和声波能传递变化的原因都是物质的运动，但波不见得非得是物质运动产生的。光就是这样，电磁场自身在某个点的变化会影响其他点的电磁场也发生变化，这些变化遵循的规律被人类描述为'麦克斯韦方程组'。在这种变化下，电磁场的扰动就可以形成电磁波，而电磁波的量子就是光子。"

思思若有所悟："如果上课的时候，我坐在最后一排，偷偷请前面的同学给第一排的同学传话，那传话过程中'内容'在同学们的头脑中传递，也可以说是一种波吗？"

"对的，很有趣的例子呢——但是为什么上课的时候要传话呢？"小女孩盯着思思看了一会儿，仿佛知道了思思未来的样子，"不过呢，在那个时候，人们还不知道这么多。真是可惜呀，要是你生在那时，说不定人类的物理学研究要少走很多弯路呢。"

思思很不好意思："可是现在，物理学上的问题都被解决了，我什么也做不了啦。"

"不一定哦，先听我讲完。19 世纪那会儿，人们觉得波一定是某种介质的振动，还给电磁波的介质取了个名字，叫'以太'。虽然看不到，但大家就是坚定地相信以太是存在的，直接就开始研究以太和其他物质的作用了。人类做了一个迈克尔逊—莫雷实验，想看看以太究竟有没有被地球拖着走。这个实验让一束光通过分光镜，向两个互相垂直的方向分别传播后又反射回来，看反射光会不会有干涉，来判断光在两个互相垂直的方向上有没有速度差别。如果以太不会被地球拖着走，那么它就应该是一种绝对静止的参考系，地球在公转、自转运动中一定会相对以太运动，于是不同方向上的光速应该不一样。实验结果是不同方向上的光速一样，于是人们认为这说明以太会和普通物质作用。同时，有一个叫洛伦兹的科学家却猜测，这会不会是不同方向上的尺子本身缩短了，才导致测量结果不变的呢？他计算了尺子的长度要怎么变化才能保证地球在以太中运动的时候光速测量值不变，得到的结果就是被称为'**洛伦兹变换**'[1]的公式。

"但有一个叫爱因斯坦的年轻人，思路更清奇。他压根没管什么以太的事情，而是注意到麦克斯韦方程组并没有指定是在什么参考系下成立的。这套方程组完美地解释了地球上的一切宏观电磁现象，不可能有错。爱因斯坦就认为，这说明麦克斯韦理论应该在任何参考系都成立，包括它计算出来的光速，在任何参考系也都是一样的。"

思思有些不懂了："速度怎么会在任何参考系都一样呢？我在火车上跑步，地面上的人看到我的速度明明就比火车上的人看到的要快嘛！对了，迈克尔逊—莫雷实验不是测了光速吗？在运动的火

---

1 事实上，洛伦兹不仅考虑了这里所说的尺缩效应，而且也考虑了麦克斯韦电磁理论。

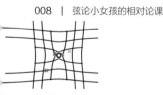

车上再做一遍这个实验，测出光速的变化，是不是就能反驳爱因斯坦了？"

"我可没说过迈克尔逊—莫雷实验测出了光速哦，实验用的干涉法只能比较两个方向的光速有没有细微差别，但具体速度是多少测不出来呀。不过，虽然现在我们能测光速了，实验结果却都告诉我们，爱因斯坦是对的。这是因为呀，不同的参考系中时空的样子是不一样的，比如地面上的人认为火车在运动，但火车上的人却认为火车是静止的。所以我们要考虑不同参考系之间，时空的模样该怎么变化。牛顿的时空观认为时间是独立于空间的，任何参考系测量时间都应该得到一样的结果，它所用的参考系坐标变换就叫作'**伽利略变换**'。这个时空观很简单，很符合日常经验，但却没法解释光速的问题。爱因斯坦用的则是'**洛伦兹变换**'，它认为时间和空间是不可分离的，而且一个参考系里认为是同时的事件，在另一个参考系里就可能不同时。用爱因斯坦的时空观来描述不同参考系下时空的变换，光速就都是一样的了。在你的日常生活中，一切事物的速度都太慢了，以至于洛伦兹变换和伽利略变换的效果是差不多的，所以你看不出它们的差别；可在我们的世界里，大家随便跑起来都能接近光速，两种变换看起来可就不一样了，大家自然而然地根据日常经验使用了洛伦兹变换，才不会想到伽利略变换呢。"

思思问："为什么不叫'爱因斯坦变换'呢？"

小女孩说："因为这是另一位叫洛伦兹的物理学家提出的呀，虽然他提出这个变换并不是为了描述时空的变换，但变换公式刚好就是爱因斯坦需要的时空变换公式，所以就挂上他的名字啦。"

"原来如此，你知道的真多！"

"这算什么呀，等你学习了物理，还能比我现在懂得多呢！"

思思又问："那现在我们知道怎么描述时空了，又可以用量子场论描述物质了，是不是就解释了一切呢？"

小女孩摇头："还早着呢！爱因斯坦的理论叫'狭义相对论'，它没法解释引力的作用，所以他又发展出一个'广义相对论'，把引力解释为时空弯曲造成的结果，这一下就把很多看起来不相关的现象给解释清楚了。"

"听起来更厉害了！但什么是时空的弯曲呀？"

"一口可不能吃成个胖子哦！下次你再见到我的时候，我们再好好讨论这个问题吧。"

思思撅起了嘴："好嘛好嘛。不过你说好要给我讲讲弦论是怎么来的，讲了半天还是没出现弦论的影子呀？"

"别急，我们这就到弦论咯。先总结一下吧，牛顿理论的天空曾经飘荡着两朵乌云，人们为了驱散这两朵乌云，沿着两条路分别走到了量子场论和广义相对论。但乌云仍然在那里，因为这两种理论没法和谐相处。如果尝试把广义相对论里的引力解释为量子场论里的粒子，就会出现引力子爆炸的情况，就像用牛顿力学解释黑体辐射问题时紫外线爆炸一样。"

"看来我们只是更加了解了这两朵乌云，却还没能驱散它们呀。"

"别怕，因为弦论[1]来了！一个叫维尼齐亚诺（Gabriele Veneziano）的年轻人在研究原子核的时候，发现用一种叫'欧拉 beta 函数'的数学'咒语'可以描述很多强相互作用力的性质。"

1　尝试解释万物的理论并不止弦论一种，也有扭量理论、圈量子理论等，但本书只讨论弦论。

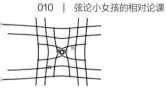

"强相互作用力是什么？"

"到现在为止，人们发现的物质之间的相互作用一共有四种：电磁相互作用、强相互作用、弱相互作用及引力。量子场论可以解释前三种相互作用，但对引力却无能为力；广义相对论完美地解释了引力，却没法让它和其他几种相互作用结合为一个完整的理论。"

"我记得你刚才说过，普朗克的辐射公式本来只是为了解释黑体辐射规律的，但却发展出了量子理论。那这个欧拉 beta 函数会像普朗克的辐射公式一样厉害吗？"

"那是肯定的呀！"小女孩踮起脚尖原地转了一圈，"不久后，就有两个科学家发现，如果把基本粒子都看成振动的橡皮筋，那么它们的相互作用就符合欧拉 beta 函数的描述。这些小小的橡皮筋就叫作'弦'，它们就是弦论世界里构成很多物质的基石。"

"好有创意！"

"可不只是创意哦！弦论预言了一种奇怪的粒子，科学家们仔细计算后发现它完全符合引力子的特征。于是，科学家们相信，弦论不仅可以解释强相互作用力，也应该是一种能解释引力的量子理论。"

"乌云终于被驱散了！"思思忍不住欢呼起来。

小女孩走到思思面前，踮起脚尖弹了一下她的脑门："还早着呢，弦论的奥秘可多了，你要好好学习，才能亲手揭开这些秘密哦！"

"嗯！"思思用力点头。

"那我就等着你哦！"小女孩朝思思挥挥手，思思感到越来越困，周围都慢慢模糊起来。最终，她踏实地进入无梦的沉眠。

第二天早上，妈妈问思思昨晚入睡前都看了什么。"你一直在念叨什么'神奇的三句话'，到底是什么话让你睡着了还这么念念不忘呢？"

思思突然想到什么，回答说："朝闻道，夕死可矣。"

妈妈很吃惊："你知道这句话是什么意思吗？"

思思说："本来不知道，但现在好像有些明白了。"

在妈妈惊异的目光中，思思好像对自己的未来更确定了。

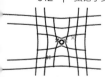

第 1 课
尺缩效应

转眼间，思思 17 岁了，来到了武汉的枫叶外国语学校读理科班高二。她梦想着有一天能申请上世界名校学理论物理。可是她看上去真的不是一块搞理论物理的材料啊。

爸爸妈妈都劝她："哎呀你一个女孩子，搞什么物理啊，去当个医生，救病治人，多好啊。"

可是思思就是不为所动："我非要学理论物理！"

妈妈眼中闪过一丝得意的神色，大文豪的本性复苏了："非者，不也。'我非要学理论物理'者，'我不要学理论物理'也。"

思思对妈妈这咬文嚼字的穷酸腐儒不以为然。她心想：哼，燕雀安知鸿鹄之志哉！于是调高了音量，一字一顿地说："我非要学理论物理不可！"

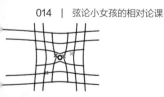

妈妈被思思倔强的本性弄得无可奈何，只得叹了一口气："你从来不劣方头，恰便似火上浇油，偏和生养你的父母尽胡诌。"

思思没心情和古文专业的妈妈寻章摘句去，只是敷衍几句了事："你便是落了我牙、歪了我嘴、瘸了我腿、折了我手，尚兀自不肯休！"

妈妈气得脸色发紫："你是不是要让老娘垂死病中惊坐起！"

思思朝妈妈吐了个舌头，转身跑回自己的房间。

周日晚上，思思终于到了学校，摆脱了妈妈的"魔爪"。她和同学们人手一本《科学美国人》杂志，大家看到这个杂志的封面图画都超级激动。

思思这学期上的物理课，讲的是相对论。老师在黑板上写了很多公式，在思思看来简直是火星人的语言嘛，让人摸不着头脑。每次物理考试也几乎是全班垫底，她心里焦急如焚。

不过她没有泄气，因为物理课的老师说了："要想进入像《科学美国人》杂志封面那样美妙的世界，需要先弄懂开启那个世界的钥匙。这个钥匙是什么呢？就是公式。公式是开启这个门的咒语。等你学会了公式，在 LaTeX[1] 上敲一敲。这个世界的门就打开啦。等你以后申请上了世界名校，就有知道更多咒语的老师跟你一起开门啦。"

思思听了心想，我一定要好好掌握这些咒语。

于是她开学第一天晚上就放弃了最喜欢的《论语》，努力背记物理课本里的公式，然后试着在 LaTeX 上敲出来。可是很快她发现，每背一个新公式，还没来得及在 LaTeX 上面敲出来开门呢，前面的公式又忘记了。可是她不死心，每天还是背一个新公式，忘记一个旧公式，如此往复，连觉都忘了睡。

1　LaTeX 是一种用于排版的编程语言，可以很方便地用代码来写公式。

第二天上课时，昏昏沉沉的思思听着听着就走神了，进入了梦乡。时隔多年，她再次梦见了弦论小女孩，看上去还是 5 岁的模样。她穿着一身亮丽的裙子，像一个小仙女一样。

小女孩对她说："终于等到你准备打开我们世界的大门了，好久不见呀！"

思思朝她挥挥手："好久不见！这么多年你都没出现，我都快忘了你了。"

小女孩说："现在你准备好啦，我就如约出现了嘛。不过我看你一直在门口转来转去，好像还是没有掌握开门的咒语，要不要我帮你一把？"

"那太好了！"思思忍不住想蹦起来，"能不能教教我要怎么背这些公式，喏，就这个什么什么变换，

$$\begin{cases} x' = \dfrac{x - vt}{\sqrt{1 - \dfrac{v^2}{c^2}}} \\ y' = y \\ z' = z \\ t' = \dfrac{t - \dfrac{vx}{c^2}}{\sqrt{1 - \dfrac{v^2}{c^2}}} \end{cases}$$

乱七八糟的，记不住嘛。"

"哦——洛伦兹变换呀！"小女孩点点头，"光背是不行的，你得明白这些式子是在说什么呀。"

思思皱着眉头，嘟着嘴："我也知道呀，就像背古文一样，要理解文章意思，不然就特别难背。我应该是理解的吧，今天老师上课就在讲这些公式。"

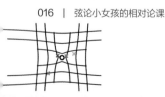

小女孩抱起了手：“既然理解了，那就请你来给我讲讲吧。”

“嗯……”思思努力回想着老师课上说的话，“我记得老师说是什么尺缩钟慢……就是动起来的时候，尺子会变短，时间会变慢，对吗？”

小女孩笑意盈盈地看着她：“这些和那几条公式有什么联系呢？”

思思皱了一会儿眉头，喉咙里一直发出“嗯”的声音，像委屈的小狗似的。想了一会儿没有头绪，她索性双手一摊：“不知道，老师就说这些公式可以理解为尺缩钟慢，但我就是不知道怎么理解。”

小女孩挥了挥仙女棒，两人眼前就出现了一对铁轨，向左无限延伸，向右也无限延伸。小女孩问思思：“老师上课一定讲过这些公式怎么来的吧？记不住没关系，你就告诉我，狭义相对论的基本假设是什么？”

勤学苦背的思思倒是熟练：“**光速不变原理和相对性原理！**”

“都是什么意思呢？”

思思歪着头想了想：“光速不变原理就是说，任何观察者测得的光速都是一样的，我们就把它记为 c，大概是 $3 \times 10^8 \mathrm{m/s}$……准确来说，是 299792458m/s。”她得意地看着小女孩。

小女孩没有买账：“很厉害嘛，把准确值都背下来了。不过我可不关心光速具体是多少，反正它只要是个固定值就行，不影响理论的结构。你接着说，下一条假设是什么？”

“哼。另一条假设是相对性原理，就是说任何惯性系中的观察者总结的物理规律都是一样的。”

“好，很棒！”小女孩拍拍手，铁轨上出现了一节小火车头，前后各一排轮子，如图 1-1 所示。

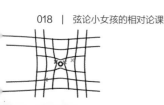

$$v \longrightarrow$$

2s　　　2s

图 1-1

"咦，铁轨旁边那两个装置是什么？"思思指着铁轨问。

"那是两个感应器。我已经设定好了，**右边的感应器只感应前轮，左边的感应器只感应后轮**。当一个感应器感应到对应轮子的位置和自己重合时，就会'嗖'地向四周发出一道光，薄薄的，像气球一样膨胀开。两个气球碰到一起的时候就会炸开，在相撞的位置留下黑色的印记。"

"光相遇的时候会爆炸吗？我怎么没见过。"思思问。

"光当然不会爆炸啦，我还不是为了让你能看清发生了什么，动用了一点小魔法嘛。"

"哦。"思思没有太意外，毕竟小女孩挥挥手就能召唤出铁轨，拍拍手又多了这节火车头，会点魔法并不奇怪。

小女孩挥挥手，让火车移动到左边很远的地方："现在看好啦，火车从远处开过来了！"

思思看到两个车轮同时碾过对应的装置，似乎有一道光闪了一下，铁轨上就出现了一条黑黑的印记。

小女孩问思思："两个装置，谁先发的光呀？"

思思摇摇头："火车速度太快了，闪光太短了，我看不出来。"

"要善于利用'光速不变'的性质哦。"小女孩领思思来到铁轨旁，拿出一把尺子量了量，"你看，黑色印记到两个装置的距离是一样的，我们就叫这个距离为 s 吧。也就是说，两道光从各自的装置出发到相遇，走过的距离都是 s。因为光速永远是 c 嘛，所以它们从出发到相遇的用时也都是 s/c，也就是说两道光应该是一起发出的。"如图 1-2 所示。

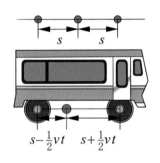

图 1-2

"真巧妙！"思思感叹道。

小女孩又挥挥手，已经吭哧吭哧开远了的火车头又慢慢倒了回来。两人跳上火车头，发现地板上也有一道黑色的印记，但是这个印记却并不在两排轮子的正中，而是更靠近后轮。

"咄咄怪事！"思思说，"难道说在火车头的视角里，是前轮先碰到装置发的光吗？"

弦论小女孩点点头。

"那这岂不是说明，在火车头看来，两个装置之间的距离比轮子的间距要短吗？"思思突然意识到什么，"原来，这就是尺缩效应吗？"如图 1-3 所示。

"没错！思思很聪明嘛！"小女孩拍起手来。

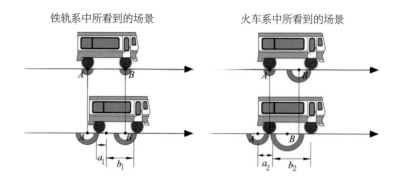

铁轨系中所看到的场景　　　　　火车系中所看到的场景

图 1-3

"原来从光速不变就能得到尺缩效应呀！"思思也很高兴。

小女孩补充道："不仅如此哦，我们甚至可以精确地计算出运动的物体到底缩短了多少。为了方便，我们就设火车头相对于铁轨的**速度大小**是 v 吧，这样一来从火车上看铁轨的**速度大小**也是 v。从前面的讨论，加上**相对性原理**，我们可以得知'运动的物体会缩短'，而且是均匀地缩短。假设火车头和我们相对静止的时候，前后轮间距是 $2l=2\gamma s$，而火车头以速度 v 运动的时候前后轮间距是 $2s$。虽然运动的火车头不好用尺子量，但是我们已经用感应器的闪光'量'过了。这么一来，$\frac{1}{\gamma}$ 就是物体以速度 v 运动时长度变化的比例。"

思思迫不及待地接道："铁轨上两个感应器的间距是 $2s$，但是在火车头看来就应该是 $\frac{2}{\gamma}\cdot s$。所以，从铁轨系来看，车上的黑色印记更靠近后轮是因为，闪光传播的时候车还在**往右运动**；但是在火车头看来是铁轨在**往左运动**，黑色印记靠近后轮是因为后轮后发光。"

"没错！"小女孩赞赏地点点头，"现在，我们要看一看，火车上的黑色印记到底在什么位置。我们先从铁轨的视角来看。从开始闪光到两道光相遇，用时 $\frac{s}{c}$，这期间火车头往前走了 $\frac{s}{c}\cdot v$。这样

就可以算出来，黑色印记到后轮的距离是 $s - s \cdot \dfrac{v}{c}$，到前轮的距离是 $s + s \cdot \dfrac{v}{c}$。

"接着，我们从火车头的视角来看。前轮先闪光，后轮后闪光，时间差是多少呢？这就要看火车头眼中两个感应器间距和前后轮间距的差了，也就是 $2\gamma s - \dfrac{2s}{\gamma}$。于是闪光时间差是 $\dfrac{(2\gamma s - \frac{2s}{\gamma})}{v}$。这样就能算出来，两道光运动的距离分别是 $l - \dfrac{1}{2}\dfrac{(2\gamma s - \frac{2s}{\gamma})c}{v}$ 和 $l + \dfrac{1}{2}\dfrac{(2\gamma s - \frac{2s}{\gamma})c}{v}$。"

"这两个距离，和从铁轨视角算出的两个距离，不一样嘛。"思思说。

"当然不一样了！"小女孩摊了摊手，"尺缩效应嘛，从铁轨看来火车头是运动的，算出来的两个距离就会更短了。"

"哦，对呀，我忘了。"思思挠挠头。

弦论小女孩接着说："不过，黑色印记**到前后轮的距离之比**，无论用什么参考系来算都是一样的。也就是说，我们有下面的等式：

$$\frac{l - \frac{1}{2}\frac{(2\gamma s - \frac{2s}{\gamma})c}{v}}{l + \frac{1}{2}\frac{(2\gamma s - \frac{2s}{\gamma})c}{v}} = \frac{s - s \cdot \frac{v}{c}}{s + s \cdot \frac{v}{c}}$$

要记住这一点。"

"好复杂的式子！"思思惊呼。

小女孩看到她有些泄气，急忙说："虽然它长，但不需要你背下来呀！动笔算算，你会发现从这个等式里就可以计算出 γ 的值。"

"嗯。"思思点点头，她一向是愿意下苦功夫的，这样总会有收获。她吭哧吭哧地算了半天，又是移项又是展开乘积，式子越写越复杂，脑门上的汗越来越多。

小女孩急忙制止了她："愿意下苦功夫真的很棒，不过更要懂得观察呀！"她拿过思思的草稿纸，涂掉后面冗长的计算，只修改了一下等式的左边，让它变成了这样：

$$\frac{s - \frac{s}{l}\frac{(\gamma s - \frac{s}{\gamma})c}{v}}{s + \frac{s}{l}\frac{(\gamma s - \frac{s}{\gamma})c}{v}} = \frac{s - s \cdot \frac{v}{c}}{s + s \cdot \frac{v}{c}}$$

接着说："这两边要相等，只需要满足以下条件就可以啦（也就是说，式子 $\frac{s-a}{s+a} = \frac{s-b}{s+b}$ 可以化为 $a = b$）：

$$\frac{s}{l}\frac{(s\gamma - \frac{s}{\gamma})c}{v} = s \cdot \frac{v}{c}$$

"这样是不是就好处理多了呢？现在你算一下试试，别忘了 $l = \gamma s$ 哦！"

思思惊喜地点点头，感叹小女孩灵活的思维。很快，她算出了结果，非常简洁：

$$\gamma = \frac{1}{\sqrt{1 - \frac{v^2}{c^2}}}$$

思思发现这个结果很眼熟："这不就是洛伦兹变换里那坨肥肥的分母嘛！"

"真敏锐！"小女孩夸奖道，"让我考考你，能不能从这个结果出发，弄明白 $x' = \frac{x - vt}{\sqrt{1 - \frac{v^2}{c^2}}}$ 是什么意思呢？"

思思仔细想了好一会儿："我明白了！假设火车在铁轨上向右运动，速度大小为 v，你在路边，我在车上。我们各自拿着一块表计时，

为了方便描述事物的位置也各自选择一个坐标原点，只不过我的坐标原点在你看来是在**向右运动**的，你的坐标原点在我看来是在**向左运动**的。我们就在**彼此的坐标原点刚好重合的那一瞬间**开始计时，然后分别观察同一个闪光。在你看来，闪光是在时间为 t 时发生在**你的坐标原点右边** x 的位置（注意：如果在左边，则 x 取负数就行），在我看来闪光则是在时间为 t' 时发生在**我的坐标原点右边** x' 的位置。"

她说着画了一张简单的示意图，如图 1-4 所示。

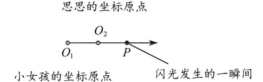

思思的坐标原点

小女孩的坐标原点　　　闪光发生的一瞬间

图 1-4

然后接着说："你看，这是**你看到**的情况，O_1P 的长度就是 P 的坐标 x，于是 O_2P 的长度就是 $x-vt$。不过呢，由于尺缩效应，**我看到**的 O_2P 应该更长，是 $x' = \dfrac{x-vt}{\sqrt{1-\dfrac{v^2}{c^2}}}$，而这就是我观察到的 P 的坐标 x'。"

"太棒了！"小女孩鼓起掌来，"现在你知道第一条式子怎么来的啦，背起来是不是就轻松多了？"

思思歪着头想了想："理解了还是觉得难背呀。你看这又是分数线又是根号的，根号下面还套了分数线，好复杂。"

小女孩说："下次我给你讲一个绝招，保准你背起来轻轻松松。不过现在我建议你赶快护住你的后脑勺哦！"

思思刚想问"为什么"，就在一声脆响中醒来了，后脑勺隐隐作痛，原来是老师用课本拍了她的脑袋。

"思思！第一天上课就睡觉！"老师瞪着她，"你来说说，黑板上第一条公式说明了什么效应？"

已经和弦论小女孩在梦里深入讨论了的思思自信地答道："尺缩效应。"

在同学和老师惊异的目光中，思思逃过了第一劫。

附注

狭义相对论中地面与火车两个参考系之间的坐标变换，即洛伦兹变换，如文中所述，是：

$$\begin{cases} x' = \dfrac{x - vt}{\sqrt{1 - \dfrac{v^2}{c^2}}} \\ y' = y \\ z' = z \\ t' = \dfrac{t - \dfrac{vx}{c^2}}{\sqrt{1 - \dfrac{v^2}{c^2}}} \end{cases}$$

作为对比，这里再列出经典物理中同样场景下的坐标变换，即伽利略变换：

$$\begin{cases} x' = x - vt \\ y' = y \\ z' = z \\ t' = t \end{cases}$$

钟慢效应与自然单位制

开学第一天放学后，思思还挂念着弦论小女孩没讲完的洛伦兹变换。白天在课堂上神游弦论世界时，小女孩只跟她讲解了第一条公式，但还没讲解时间坐标的变换公式呢。

这次思思不再努力熬夜背公式了，而是早早上床，满心期待着梦里能有小女孩出现，带她继续弄清楚洛伦兹变换。然而她踏踏实实地一觉睡到了天亮，并没有进入弦论世界。

今天上课，老师继续讲洛伦兹变换。

"对于不在同一地点发生的事情，同时性具有相对性。这个可以从洛伦兹变换里看到，同样的时间 t，但是对应不同的位置 x，变换后的 t' 就不一样。"

思思杵着腮帮，打了个哈欠。她已经从昨天的火车头身上实实在在地看到同时性的相对性了，那就是轮子碰到装置发光的事件。

在铁轨看来两个感应器同时发光，但是在火车头看来却不同时。果然死背公式不如亲身体验啊，她想。

老师的声音渐渐模糊起来，思思的眼皮也耷拉下来，不知道什么时候回到了弦论世界。

今天的弦论小女孩衣袂飘飘，活脱脱一只可爱的小仙女。

"我正等你呢，来得正好！"弦论小女孩一见到她就嚷嚷起来，"我订的 π 果很快就到了，你要是晚来几分钟就吃不上了！"

"什么果？"思思没听清那个名字。

"π 果呀！刚捕捞到的，正往我们这儿送呢。我告诉你哦，这种果子刚摘下来的时候超级甜，但是十分钟之后就会很快变酸变苦，难以下咽了，所以要抓紧吃掉。"

思思瞪大了眼睛："这新鲜度要求也太高了吧，难怪你说晚来几分钟就吃不上了。"

"嘿嘿，是呀，那样的话我肯定就自己全吃光啦。"弦论小女孩说着，突然往天空一指，"看，外卖小哥到了！"

思思抬头一看，只见一颗流星向她们飞来，吓得急忙护住了脑袋蹲在地上。但流星没有砸到她们，而是扔下一个盒子后锐角转向，又飞回天空中了。弦论小女孩来不及安抚思思，而是急忙打开盒子，从里面拿出一只果子，在思思眼前晃悠了一下。

果肉晶莹剔透，思思看了一眼就开始流口水了。她拿过果子塞进嘴里，满足地闭上眼睛，发出"嗯"的一声。

"怎么样，超好吃对不对！"弦论小女孩说，嘴里还嚼着两只果。

"用牙一磨就炸散成细细的小颗粒，有一种很清爽的甜味，好吃！"思思答。

眨眼间，一盒 π 果就被两人分吃干净了。思思意犹未尽地舔着嘴唇，问小女孩还能不能再订一些。

"可遇不可求呀，π 果每年只有这个时候成熟。"小女孩说。

"要是能在自己家种一些就好了，想吃就吃，不用那么着急忙慌的。"思思感叹道。

小女孩咯咯一笑："不行的啦，它们只生长在弦论世界一处特别的果园里，别的地方都养不活的。这果园离我们可远了，足足 8 亿多千米呢。"

思思想起了熟悉的天文常识："哇，那相当于从木星送过来啦。我记得你说它们被摘下来以后十分钟内就要吃掉，那外卖员就要在十分钟内跑那么远送过来咯？"

小女孩叉起了腰："我们这外卖员可不一般，大家都叫他'光束骑士'，虽然他实际上没有光那么快，但也差不多了。"

思思忽然觉得哪里不对："光速是 30 万千米每秒，所以光十分钟只能走 1.8 亿千米呀。我记得老师说过，没有任何东西的速度比光快，可连光都没法十分钟内把果子送过来，外卖员跑得再快也没用呀。"

"可对光束骑士来说，他只跑了两分钟哦。这叫'钟慢效应'，运动着的光束骑士手上的表，走得比我们的表慢。"

"'钟慢效应'？"思思不明白，"他的表坏了吗？外卖员的表可不能坏，耽误了时间怎么办？"

小女孩捂着肚子哈哈大笑："不是表坏了啦，是**在我们看来**，运动的一切物理过程都变慢了。"见思思还是满脸疑惑，小女孩又贴出了洛伦兹变换的一条公式：

$$t' = \frac{t - \frac{vx}{c^2}}{\sqrt{1 - \frac{v^2}{c^2}}}$$

"是那个看起来最复杂最难背的公式！"思思叫起来。

小女孩说："如果说光束骑士以速度 v 相对我们运动，这个公式可以表示，在我们看来发生在 (t,x) 的事件，在光束骑士看来发生的时间就是 t'。想想看，在我们看来时间为 t 的时候光束骑士的位置在哪里呢？"

"这要看他从哪里出发了。如果他从 x_0 处出发，以速度 v 相对我们运动，那么他的位置就应该是 $x=x_0+vt$。"

"很好嘛！我还以为你会忘了考虑他的初始位置呢，不过我本来是默认他的初始位置就在我们身边呢。"

"我可注重细节了！"思思说。

"嘻嘻，我知道你最棒了！现在你知道光束骑士在各个时间的位置了，就可以套公式算一算，当我们的手表显示**时间流逝了** t_0 的时候，他的手表显示流逝了多久。"

思思把 $x=x_0+vt$ 代进 $t' = \dfrac{t - \frac{vx}{c^2}}{\sqrt{1 - \frac{v^2}{c^2}}}$，算得 $t' = t\sqrt{1 - \dfrac{v^2}{c^2}} - \dfrac{\frac{vx_0}{c^2}}{\sqrt{1 - \frac{v^2}{c^2}}}$。

这样一来，当 t **变化为** $t + t_0$ 的时候，t' 就**变化为** $t' + t_0\sqrt{1 - \dfrac{v^2}{c^2}}$，变化量和初始位置 x_0 无关。

"是 $t_0\sqrt{1-\dfrac{v^2}{c^2}}$！"思思答道，"他的时间流逝只有我们的 $\sqrt{1-\dfrac{v^2}{c^2}}$ 倍了！"

"对喽！"小女孩拍起手来，"这就是钟慢效应！光束骑士的速度足足有 $v=0.999c$ 呢，所以虽然在我们看来他从出发到送货花了四十多分钟，但在他自己看来只过了两分钟。"

"光束骑士真厉害，什么时候能见见他就好了，我一定要问问他骑着光都有哪些神奇见闻。"

"我们现在不就正是在体验他的神奇日常嘛！"

思思点点头，忽然又觉得哪里不对："如果说光束骑士的所有物理过程都变慢了，那他自己怎么看得出来呢？在他看来不也应该是我们朝他以 $v=0.999c$ 的速度运动嘛，还是要花四十多分钟。难道在他看来我们超光速了？"

小女孩笑得坐在地上："在他看来，果园和我们之间的距离只有三千多万千米呀，别忘了尺缩效应哦！"

"原来是这样！"思思点点头，"现在我完全明白洛伦兹变换了，但我还是背不下来。你上次说会教我绝招的，还说保准背起来轻轻松松。"

"嘿嘿，这个绝招就是'自然单位制'。"小女孩竖起一根手指，卖关子的样子很是古灵精怪。

"什么是自然单位制？你快说嘛。"

"光速是狭义相对论里最重要的常数，连狭义相对论本身都是从'光速不变'推导出来的。但是这么一个重要的常数，在你们人

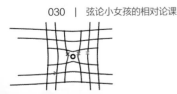

类的公制单位下却要表示成299792458m/s，真麻烦。不过，你想想，平时做计算的时候，只要各部分单位是统一的，就可以只看数值，单位最后再放，对不对？比如$1m + 1m$就可以写成$(1 + 1)m = 2m$，$1km/1h$也可以写成$(1/1)km/h = 1km/h$。所以为什么不选合适的单位制，让光速$c = 1$呢？你看，这样一来，洛伦兹变换就可以表示为

$$\begin{cases} x' = \dfrac{x - vt}{\sqrt{1 - v^2}} \\ y' = y \\ z' = z \\ t' = \dfrac{t - vx}{\sqrt{1 - v^2}} \end{cases}$$

是不是简洁多了？"

"哇！"思思惊喜得叫出声来，"是的，一下子变得简洁多了，而且x'和t'的变换看起来就是对称的，只需要记住一个就相当于记住另一个啦！不过就这样设$c = 1$，会不会造成混淆啊？"

小女孩说："不会呀，如果需要代值计算，只需要把c放到公式的适当位置，让单位统一就可以啦。比如，如果已知$\dfrac{u - v}{1 - uv}$表示的是一个速度，其中u和v都是速度，那么你只需要补上c，凑出$\dfrac{u - v}{1 - \frac{uv}{c^2}}$，让它的单位是m/s即可。"

"哦——"思思点点头，觉得这真是一个方便的办法，"所以在自然单位制下，光束骑士的速度就直接表示为0.999，意思就是$0.999 \times 299792458m/s$。"

"思思！"老师的声音穿破梦境，把思思拉回了课堂，"你怎么又睡着了！起来回答这个问题：在静止观察者看来，运动的钟表会变慢还是变快？"

思思揉揉眼睛："运动的钟表会变慢，这叫'钟慢效应'。"

在老师和同学惊异的目光中，思思逃过了第二劫。

附注

学有余力的同学，可在本节课后参考附录 A "洛伦兹变换的推导"。

文中的 π 果取材于真实的现象，即 π^+ 介子的寿命问题。高能宇宙射线在接触地球大气时会和大气原子对撞，产生大量次级粒子，这些次级粒子会衰变或继续和大气原子对撞，产生更多的次次级粒子。次级粒子中就包括带电的 π^+ 和 π^- 介子。

以 π^+ 介子为例，从它自己的参考系看，它的寿命只有短短的 2.603×10^{-8}s，寿命到了就会衰变成别的粒子。如果不考虑钟慢效应，那么即使它以光速运动，在寿命期间也跑不到 8m，几乎不可能到达地面。

然而地面探测器确实能探测到高能 π^+ 介子，这就是因为钟慢效应。π^+ 介子足够接近光速时，它自身的时间流逝**在地面看来**是变慢的。因此在达到寿命之前能运动几十千米，足以在衰变前到达地面。反过来，在 π^+ 介子看来它的寿命依然是那么短，只不过大气层由于尺缩效应，只有几米厚了而已，足够它在衰变前到达地面。

数学课
斜坐标系与洛伦兹变换

当笛卡尔想到坐标系的概念时，他并没有指定为如今常用的直角坐标系。事实上，他只是意识到平面上的点都可以用两个数字来表示。

标准的直角坐标系可以看成是由两条相互垂直的轴组成的，轴上标有标准刻度。在这种坐标系下，表示平面上特定点 P 的两个数字就分别是 P 的**横坐标**和**纵坐标**。经过点 P 画一条**平行于纵轴**的线，和横轴相交，交点处的横轴刻度值就是 P 的横坐标，记为 x_p。类似地，经过 P 画一条平行于横轴的线，和纵轴相交，交点处的横轴刻度值就是 P 的纵坐标，记为 y_p，如图 2-1 所示。

我们也可以选用不同的坐标系来描述 P。比如说，我们可以改变坐标轴的刻度分布，如图 2-2 所示。

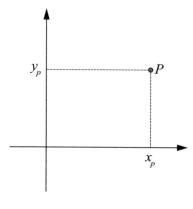

图 2-1

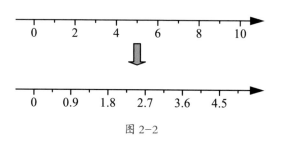

图 2-2

图 2-2 中的刻度分布是均匀变换的，就是说原来刻度值为 x 的地方统统变成了 $0.5x$。我们不妨管这样的变换叫"**拉伸了 2 倍**"，因为可以理解为刻度尺被拉长了。我们当然也可以选择不均匀的变换，比如让同一个点的刻度值从 x 变成 2^x。

另一种坐标系的改变方法是调整坐标轴的角度，让它们不再成直角。这样的坐标系可以称为**斜坐标系**，在该坐标系中表示点 P 的两个坐标值取法和直角坐标系中一样，都是画坐标轴的平行线在和另一坐标轴相交以后读出刻度值，如图 2-3 所示。

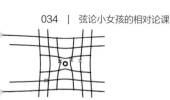

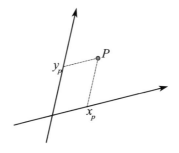

图 2-3

洛伦兹变换可以用斜坐标系很直观地表示出来，如图 2-4 所示。

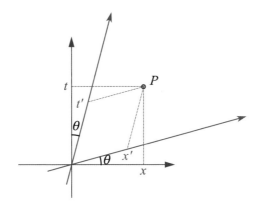

图 2-4

每个事件都是时空中的一个点，点 P 在**蓝色斜坐标系中**的坐标值，就是**火车头**上测量得到的事件 P 发生的**时间和地点**，简称**时空坐标**；在**红色直角坐标系中**的坐标值就是**铁轨**上测量得到的时空坐标。

两坐标系的关系用两个参数来描述：第一是轴夹角 $\theta = \tan v$，其中 v 是火车头相对于铁轨的速度，此处使用了自然单位制，即 $c = 1$。第二个参数是坐标轴的拉伸比例，蓝色坐标轴上的标尺相对于红色坐标轴上的标尺，拉伸了 $\sqrt{\dfrac{1+v^2}{1-v^2}}$ 倍。

当然，我们也可以反过来用火车头的坐标系来当直角坐标系，此时铁轨相对于火车头的速度就是 $-v$，因此轴夹角变成 $-\theta$，即反向旋转 θ；同时拉伸比例依然是 $\sqrt{\dfrac{1+v^2}{1-v^2}}$，如图 2-5 所示。

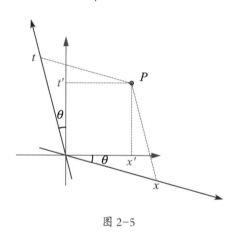

图 2-5

每个观察者在时空中运动的轨迹，就是自身对应坐标系的时间轴。这一事实也许可以帮助你记忆轴的旋转角 θ。

第3课
时空间隔与光锥

今天上课，老师讲洛伦兹不变量。

"时空中的两个点的坐标之差，在不同的参考系下是不一样的。如果在一个参考系中两点的坐标分别是 (t_1, x_1, y_1, z_1) 和 (t_2, x_2, y_2, z_2)，而在另一个参考系中分别是 (t'_1, x'_1, y'_1, z'_1) 和 (t'_2, x'_2, y'_2, z'_2)，那么一般来说 $(t_1-t_2, x_1-x_2, y_1-y_2, z_1-z_2) \neq (t'_1-t'_2, x'_1-x'_2, y'_1-y'_2, z'_1-z'_2)$。

"但是有一个东西是不随参考系变化的，那就是**时空间隔**。如果两个点的坐标分别是 (t_1, x_1, y_1, z_1) 和 (t_2, x_2, y_2, z_2)，那它们的**时空间隔的平方**就定义为 $\Delta s^2 = -c^2(t_1 - t_2)^2 + (x_1 - x_2)^2 + (y_1 - y_2)^2 + (z_1 - z_2)^2$。同学们可以验算一下，对两个点的时空坐标进行同一个洛伦兹变换以后，计算所得的时空间隔还是不变的。"

思思一边听课，一边顺手在草稿纸上演算起来，很快就验证了。

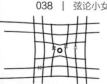

演算过程中她发现，设 $c = 1$ 真的非常方便。

但为什么要讨论这种不变性呢？这种时空间隔有什么意义呢？思思百思不得其解，不知什么时候睡着了。

思思回到了弦论世界，看到弦论小女孩正坐在地上玩一个毛茸茸的球。见思思来了，她连忙招呼道："今天怎么这么早就来了！"

思思扭了扭身子："别提了，老师今天上课讲到时空间隔，但是我搞不懂这是个什么东西。"

"啊，时空间隔呀。"小女孩点点头，站起身来，"看来你的老师是要介绍洛伦兹不变量了。"

"洛伦兹不变量？那是什么东西？"

"就是在洛伦兹变换下保持不变的东西。"

思思若有所思："对，老师也让我们自己验证了，时空间隔在洛伦兹变换后还是不变的。但这有什么用呢？"

"这意味着时空间隔是时空中的本质概念，不受参考系选择的影响。"小女孩说着，又抱起了球，"你看，球上每个点都长着一根毛，我们就可以理解为球上各点都有一个向量。这根毛的长度就是向量的长度，方向就是向量的方向。"

"这跟时空间隔有关系吗？"

"有呀，每个点处的毛毛，就是球上的**本质量**。向量可以用矩阵来表示，对不对？就像这个球上的每一根紧贴着球面的毛毛，都可以用两个数字构成的矩阵来表示，这两个数字就是向量的坐标。不过，如果我们改变一下坐标系，同一个向量的坐标就会不一样了。"如图 3-1 所示。

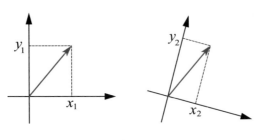

图 3-1

小女孩用手指在松软的地上划拉着，很快画出了简单的示意图。"你看，同一个向量，在一个坐标系里表示为 (x_1, y_1)，在另一个坐标系里则是 (x_2, y_2)。但是，向量坐标的变换，一定是和坐标系的变换相关联的，我们管这种关联叫'协变性'。本质量是不依赖于坐标系就可以定义的，坐标系只是为了方便用坐标表示它们。对于向量这样的本质量，有一个东西肯定是不会变的，那就是向量的长度，即 $\sqrt{x_1^2 + y_1^2} = \sqrt{x_2^2 + y_2^2}$。"

思思很敏锐，摇了摇头："不对。如果我把其中一条坐标轴拉长或者缩短，那向量的长度就不是坐标值的平方和再开根号了。"

"思思想得真细致！"小女孩夸赞道，"所以坐标变换**不是任意**的，我们关心的是满足一定约束的部分坐标系。像这个例子里，坐标系必须总是相互垂直的两条轴，并且轴上坐标为 a 的点到原点的距离一定是 a。这样的坐标系叫作'标准正交坐标系'。这样，限定了坐标系的选择范围以后，向量的'坐标值的平方和再开根号'就是不变量了，因此是本质量，我们就叫它'向量的长度'。"

"听起来好像洛伦兹不变量啊！可是我之前学过，洛伦兹变换体现在坐标轴上，不一定垂直呀？"

"那只是你画出来感觉不垂直，毕竟是在欧几里得空间里画闪

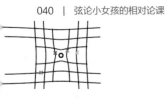

可夫斯基空间嘛。"小女孩说，"我们把纸面叫作'欧几里得空间'，意思就是说满足勾股定理，向量长度的**平方**都是标准正交坐标系里坐标值的平方和。我们可以把这个特点写成以下式子：

$$ds^2 = dx^2 + dy^2$$

"这里的 ds^2 表示的是 ds 的平方，而 ds 是非常接近 0 的数字。上面这是二维空间的情况，而 n 维度欧几里得空间里可以推广为：

$$ds^2 = dx_1^2 + dx_2^2 + dx_3^2 + \cdots + dx_n^2$$

"人们为了简便，也使用求和号来表达上述式子：

$$ds^2 = \sum_{k=1}^{n} dx_k^2$$

"式子右边的意思就是，把所有 x_k^2 都加起来，其中 k 的选择范围是从 1 到 n。因为这样的式子描述了**用坐标值**计算向量**长度**的方法，所以我们叫它'度量'或者'度规'[1]。

"但是在狭义相对论里，不同观察者对应的坐标系之间的变换遵循洛伦兹变换，相当于坐标的约束和欧几里得空间不一样了。一个向量的**坐标值平方和**在洛伦兹变换下是会跟着变的，反而是**空间坐标的平方和减去时间坐标的平方**不变，也就是所谓的**时空间隔的平方** $ds^2 = dt^2 - dx^2 - dy^2 - dz^2$ 不变。所以我们就把时空间隔的平方当作度规的描述，比如你课上计算的时空间隔，就可以理解为两个事件在时空中的'距离'。为了能用求和符号来简化公式，我们也可以用 x_0 来取代 t 作为时间坐标，用 x_i 作为空间坐标，其中 i 取正整数。这样一来，时空间隔的平方就可以表示

1　"度量"是数学中使用的译名，"度规"是物理中使用的译名。更严格地说，物理学家所说的"度规"往往包含了数学家所说的"度量"和"伪度量"。

为 $ds^2 = -dx_0^2 + dx_1^2 + dx_2^2 + dx_3^2$（注意：也有材料将这个度规写成 $ds^2 = -dx_0^2 + dx_1^2 + dx_2^2 + dx_3^2$，即正负号相反的情况）。"

思思认真咀嚼着弦论小女孩的话："奇怪，如果把时空间隔理解为距离，那岂不是会出现两个不同的时空点距离平方为零了？甚至还会出现负的距离平方呢！"

"就是这样！平方为**正数**的时空间隔，叫作'**类时**间隔'，意思就是两个事件总能在某个参考系里处在同一个位置的不同时间；平方为**负数**的时空间隔，叫作'**类空**间隔'，意思就是两个事件总能在某个参考系里处于不同位置但在同一时间；平方为**零**的时空间隔，叫作'**类光**间隔'。

"如果两个事件之间是类时间隔或者类光间隔，那么它们之间是可以有联系的，最简单的例子就是，现在的你和一小时后的你，二者之间的间隔一定是类时的。但由于光速不可超越，如果事件之间是类空间隔，那这两个事件不会相互影响，现在的你无法知道一万年前仙女座星系[1]里一只小章鱼做了什么，起码也要是四十万年后的你才有可能知道。"

思思简单算了一下，接过小女孩的话："我知道了，在小于光速的粒子轨迹上，任何两点之间的时空间隔都是类时的。那类光间隔是不是说，只有光速运动的粒子才能从两个事件中的一个跑到另一个？"

"没错！"

思思沉吟着："真是开眼界了，原来还可以这样推广距离的概念！"

1　离银河系最近的恒星系统，距离我们约四十万光年。

小女孩说："是呀，时空间隔所表达的度规，被称作'闵可夫斯基度规'，和你熟悉的'欧几里得度规'就有所区别。我们的时空使用闵可夫斯基度规，因此是一种'闵可夫斯基空间'。这位闵可夫斯基可是爱因斯坦的数学老师哦。"

"到底是**时空**还是**空间**？"

"说法不同嘛。这样的几何空间，数学上都简称空间，但是物理上总是把坐标轴中的一条称为时间轴，其他的称为空间轴，所以就叫作时空啦。以后你会学到的，只要知道了一个时空的度规怎么表达，就知道了这个时空长什么样了。"

说着，小女孩在地上又画了一幅图。思思认出来，是不久前才学过的斜坐标系，可以用来表示洛伦兹变换。不过，这次小女孩从原点出发，画了两条虚线。如图 3-2 所示。

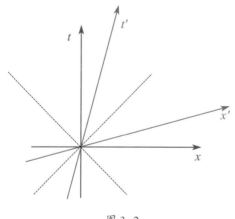

图 3-2

"这两条虚线是什么？"思思指着小女孩画的图问。

"这两条虚线是光子的轨迹，因为我们设光速 $c=1$ 嘛，所以它们刚好是时间轴和空间轴的角平分线。轨迹的下半部分，代表从远处汇聚到坐标原点的光线；轨迹的上半部分，代表从坐标原点发出的光线。这个图为了简便，只画了一个空间轴，如图 3-3 所示。如果有两个空间轴，那么所有汇聚到坐标原点的光线就构成了一个圆锥，叫**坐标原点的过去光锥**；所有从坐标原点发出的光线也构成一个圆锥，叫**坐标原点的未来光锥**。"如图 3-4 所示。

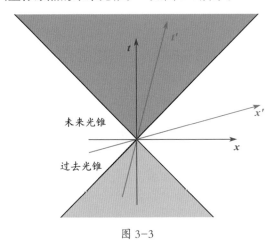

图 3-3

光锥的示意图。这里是画在二维时空里的，其中红色和蓝色的坐标轴分别表示两个不同的惯性系对应的坐标系。

思思仔细研究了一下光锥的样子："我发现一点：如果一个事件和坐标原点的时空间隔是类时的，那么这个事件就在你画的光锥内部；如果时空间隔是类光的，那么这个事件就在光锥面上；如果时空间隔是类空的，那么这个事件就在光锥外部。"她想了想，又说："你画了两个坐标系，一个是直角坐标系，一个是斜坐标系，我知道它们分别代表两个不同的参考系。光子的轨迹在这两个参考系里都是时间轴与空间轴的**角平分线**，这意味着光子的速度在任何参考系里都是光速，也就是光速不变原理。这同时也意味着，**光锥的形状不会因为洛伦兹变换而改变**。"

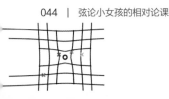

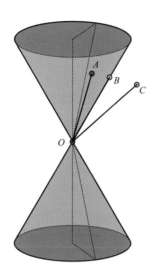

图 3-4

光锥与时空间隔的关系示意图。这里的光锥是画在三维时空里的，其中垂直向上的一维是时间维。图中点 O、A、B 和 C 是四个时空点，其中 O 是光锥的顶点。A 在光锥内，可以计算出 O 和 A 的时空间隔，发现它是类时的；类似地，B 在光锥面上，O 和 B 之间是类光间隔；C 在光锥外，O 和 C 之间是类空间隔。

"哇，思思很棒！你看，我们之前讲过的狭义相对论概念，无论是洛伦兹变换，还是时空间隔的不变性，甚至光速不变原理本身，都可以用这样的**时空图**来直观地表达。"

思思点点头："嗯，我感受到了几何语言的魅力，无言却无所不言。"

"哈哈哈哈！"小女孩乐得直挥拳，"你这说话方式，果然有其母必有其女呀！现在有了时空图，我想这个问题一定难不倒你了：你已经知道了，同时性具有相对性，即一个参考系里同时发生的事情，在另一个参考系里有可能不同时；那么，**因果性**会有相对性吗？"

思思挠挠头："因果性是指两件事情发生的先后顺序吗？这样的话你是不是想问，两件事情发生的先后顺序会不会因为参考系的不同而不同呢？"

小女孩摇摇头："不对啦！因果性不单单是先后顺序那么简单。任何信息的传递都不能超过光速，所以如果两件事之间存在因果关系，也就是'因'的信息能传递到'果'，那这两件事之间应该是**类时**或者**类光**间隔。不过你已经知道，无论在哪个参考系，时空间隔都是不变的，因此两件事之间是否有因果关系与参考系的选择无关。我要问的是，有没有可能，在一个参考系里为'因'的事件，到了另一个参考系就变成'果'呢？"

思思看了一眼时空图，觉得这个问题很简单。但她正要回答，却被老师一声断喝拉回了课堂："思思！今天讲的内容很重要，你怎么还在睡觉？你来回答这个问题：参考系的变换，会不会造成因果颠倒的现象？"

思思自信地回答："不会。'因'一定在'果'的过去光锥里，'果'一定在'因'的未来光锥里。而光锥的形状不会因为坐标系的洛伦兹变换而变化，所以两件事的因果关系也不会因为洛伦兹变换而变化。"

在老师和同学们惊异的目光中，思思逃过了第三劫。

附注：

度规实际上就是向量内积的推广。内积有时候也被称作点积、点乘等，高中数学会涉及。

第 4 课
双生子佯谬

今天上课，老师讲历史上的时空理论。

"在欧几里得时空中，时间是独立于空间的，任何参考系的时间都是完全一致的。并且惯性参考系是绝对的，也就是说我们可以区分加速运动和匀速运动。欧几里得时空中，同一事件在不同观察者眼中的坐标变换，称作**伽利略变换**。

"在最传统的欧几里得时空中，时间和空间的分离被表现为度规的分离，即时空中存在两个度规，一个用来丈量事件之间的时间距离，一个用来丈量空间距离。而我们现在讨论的闵可夫斯基时空只有一个度规，于是同时性的绝对性消失了，时间轴和空间轴也不是彼此独立的存在了。"

思思努力地尝试理清老师所讲的逻辑。前几课里从光速不变推出了洛伦兹变换，又从洛伦兹变换得到了时空间隔这一不变量。现

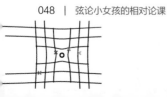

在老师直接用时空间隔导出的度规定义了闵可夫斯基时空，就变成讨论时空的结构了。洛伦兹变换所描述的同时性的相对性，也成了闵可夫斯基时空的特征。

不过，时间和空间统一，听起来似乎有些问题。思思想啊想，怎么也抓不住思路，搞不懂到底是哪里不对劲。她紧皱眉头，越想越晕，不知什么时候又睡过去了。

思思来到弦论世界，看到弦论小女孩身边站着一个白胡子老爷爷，满脑袋乱发。

弦论小女孩见到思思，连忙跑过来拉住她："你看你看，这位就是光束骑士！上次他忙着送外卖，你还没机会见到他吧。"

光束骑士和思思互相打了招呼，思思问他："你看起来好像爱因斯坦呀！"

光束骑士看起来很高兴："被你认出来啦，我这就是按爱因斯坦的样子打扮的。不过这副样子会不会显得太老了？要不下次我试试爱因斯坦年轻时候的样子？"

思思使劲摇头："我喜欢现在这个样子，看起来就很有智慧，很靠谱！"

"好好好，那我就保持这个样子啦。"光束骑士笑眯眯的，像宠孙女一样。

思思看着光束骑士，想象着他骑着光到处送外卖的样子。突然，她想起了到底是哪里不对劲，急忙问光束骑士："我记得之前你给我们送 π 果的时候，是由于钟慢效应才保证了果子的新鲜，对吗？"

"在我看来是由于尺缩效应，路程缩短了嘛。"光束骑士说。

"嗯嗯。"思思点点头,"我看你应该也是变扁了些的,这点我是理解的。但我不明白的是,如果我觉得你的时间变慢了,那反过来你不就觉得我的时间变快了吗?"

光束骑士摇摇头:"没有呀,在我看来你也有钟慢效应,你的时间比我的慢。"

"哎?"思思糊涂了,"你的时间比我慢,我的时间也比你慢,这逻辑上说不通嘛!"

"哈哈哈!"光束骑士笑出了声,"应该说,'**在我看来**你的时间比我慢','**在你看来**我的时间比你慢'。"他把"在我看来"和"在你看来"咬得很重。

"加上'在谁看来'有什么区别吗?"

"区别大了!"小女孩抢答,"这说明参考系不同嘛!不同的参考系有不同的观点,这有什么矛盾的?"她跑到两人旁边,和他们并排站着,把光束骑士夹在中间,"就像现在,在我看来光束骑士在左边,在你看来光束骑士在右边,但你不会觉得他'又在左边又在右边'逻辑上说不通吧?"

"这是一回事吗……"思思小声嘟哝着,然后仔细想了想,又问道:"可是时间是可以比较的呀!如果我和光束骑士现在把手表校准到同一时间,然后让他骑着光出去转一圈再回来,我们再对一下表,看看谁的走时比较少,不就知道谁比较慢了吗?"

小女孩说:"这样的话肯定是光束骑士的表走时比较少!"

"嗯?"思思迷惑了,"可你刚才的意思明明是,光束骑士也会觉得我的时间更慢啊?"

光束骑士朝小女孩挥挥手,示意她先别急着发言,"思思说的

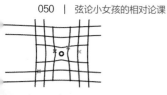

情景就是有名的'**双生子佯谬**'。假设有一对双胞胎，他们年龄一样。某一天哥哥坐着近光速的飞船出发去探险，二十年后才回来，那么两人的年龄会不会有差别，如果有的话是谁更年轻呢？"

思思使劲点头，"对对对，就是这个意思！这个情景有意思，双胞胎的年龄都不一样了，很有画面感！按照弦论小女孩刚才说的，应该是坐飞船回来的哥哥更年轻吧。"

光束骑士说："对。但你肯定很疑惑，明明两个人眼里都是对方在运动，不管有没有钟慢效应，时间流逝的结果都应该是一样的。是不是这样？"

思思说："嗯，我就是疑惑这一点。"

光束骑士说："结果不一样，说明过程肯定不一样。仔细想想，哥哥和弟弟的整个运动过程，有没有什么不一样？"

思思说："在弟弟眼里，哥哥先加速飞出去，匀速飞行一段时间，然后减速掉头，又匀速飞行一段时间，最后再减速，和弟弟相对静止，这样两个人才能对表。可是反过来，在哥哥眼里，是地球和弟弟在加速、匀速、减速掉头、匀速、减速静止，没什么区别嘛。"

光束骑士问："加速和减速过程中，哥哥能感受到椅背的推力变化，但弟弟能感受到地面的压力变化吗？"

"哦——"思思好像明白了，"区别在这里呀，所以力的变化会影响时间的流逝吗？"

"准确来说，是加速度的变化。推力变化可以当作观察加速度变化的手段。"光束骑士对思思说完，又转向弦论小女孩，"可以帮我们变一辆风火轮摩托吗？"

"没问题！"小女孩说完，先自己原地转了一圈，变出一身小仙女打扮，然后轻轻挥了挥魔杖，喊了一声，"风火轮，车来！"

一辆摩托赛车出现在三人面前，车轮金闪闪的，好像喷着火焰。光束骑士让思思坐到前面，自己坐到后面，双手握住车把，把思思护在怀里。

"对时！"小女孩抬起手，向思思示意自己的表。思思连忙抬起手，和小女孩一起把时间校准到同步。紧接着，随着光束骑士的一声"抓稳了"，摩托赛车带着两人冲向天空。

待思思从起飞的刺激中缓过来后，光束骑士递给她一块平板："你看，屏幕上显示的是弦论小女孩那边的画面，你可以看到她手表上的走时。不过别忘了，光速是有限的，所以画面会有些延迟。画面右上角显示的数字就是我们现在相对于小女孩向外飞的速度，是自然单位制哦。"

两人在无垠的太空中匀速运动着。思思看到，屏幕上小女孩的手表，真的看起来要比自己的慢一些。

太空中没有邻近的参照物，思思感觉不到自己在运动，渐渐感到枯燥起来。她问光束骑士什么时候掉头回去。

"我们这就减速掉头。"光束骑士说，"注意看小女孩的表！"

转身减速时，思思感到了来自光束骑士胸膛的巨大推力。在推背感出现的时候，她突然发现屏幕上小女孩的表飞快地跑了起来，很快就超过了自己的表的示数。推背感消失的时候，小女孩的表又再次慢了下来，不过好像没之前那么慢了。

就这样，尽管匀速运动的时候，思思看到小女孩的表走得都比自己的慢，但由于转身减速过程中小女孩的表有一段时间走得超级快，最终当思思和光束骑士回到小女孩身边时，反而是小女孩的表

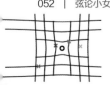

显示的走时更多。

"嘿嘿，现在我比你年轻了。"思思对弦论小女孩说。

"我本来就比你小呀，你刚才比我少度过了半分钟而已，还不到比我年轻的地步呢。"

思思挠挠头，"我看到你手里也有一块平板，所以你也能看到我们飞行的过程吗？"

小女孩点点头："当然可以！"

思思问："我在减速转向的过程中，看到你的表突然跑得飞快。你看我的时候有这样的过程吗？"

小女孩摇摇头："没有。你的手表走得一直比我的慢，如果扣除延迟影响的话，就是严格按钟慢效应来的。"

"啊？"思思瞪大了眼睛，"所以只有我和光束骑士看到你的手表突然变快的过程呀，这老师可没说过。"

光束骑士说："因为你们现在还在讲惯性系的情况呀，但是我们要和小女孩对表就必须有加速减速的过程。所以你们管这个情况叫'双生子佯谬'，佯谬就是说乍一看似乎是个悖论，但它实际上又不是个悖论。"

"我知道为什么小女孩的表看起来更慢！"思思朝光束骑士举起手，像课堂上抢着回答问题一样，"你提示过我，小女孩那边的视频信号传递到我们这里有延迟。随着我们离小女孩越来越远，这个延迟就越来越大，所以我才会看到视频里小女孩的表变慢了。"

"不完全对。"光束骑士微笑着纠正她，"信号的延迟确实会导致视频里小女孩的表看起来慢了，可如果真是因为信号延迟的话，那我们返程中越来越靠近小女孩，延迟越来越小，难道不应该看到小女孩的表比你的更快了吗？回忆一下，你刚才看到的情形是什么？"

思思说："返程中，我看到小女孩的表还是比我的要慢，不过没有去程中那么慢。"

"这就对了。"光束骑士说，"视频里看到的是信号延迟和钟慢效应共同作用的结果，前者造成的是变慢和变快的错觉，后者则意味着小女孩的表的确比你的要慢。"

"哦！"思思恍然大悟，随即又有了新的问题，"那我们减速掉头的过程中，为什么会看到小女孩的表突然跑得飞快呢？"

"这个我会！"小女孩举起手抢答，"用**时空图**就可以清楚地解释！"

和上次一样，小女孩在地上画起了图，如图 4-1 所示。

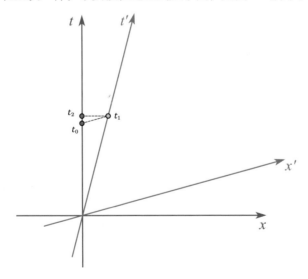

图 4-1

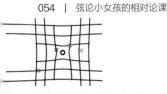

"你看，这是钟慢效应的示意图。"小女孩说，"我们俩相对彼此做匀速直线运动，红色的坐标系是我的参考系，蓝色的坐标系是你的参考系。特别地，我的时间轴就是我自己在时空中的轨迹，你的时间轴就是你自己在时空中的轨迹；而空间轴上的各点是各自参考系中**同时发生**的事情。在**你的参考系**里，你的手表时间为 t_1 的**同时**，我的手表时间为 t_0，而 $t_0 < t_1$，所以你觉得我的表走得慢；在**我的参考系**里，我的手表时间为 t_2 的**同时**，你的手表时间为 t_1，而 $t_1 < t_2$（注意：别忘了，斜坐标系表示洛伦兹变换还要考虑坐标轴拉伸比例哦。），所以我觉得你的表走得慢。之前你觉得'我比你慢，你也比我慢'是矛盾的，关键点就在这儿，**同时性的相对性**。"

"啊——原来如此。"思思慢慢点着头，"一画时空图，逻辑就清晰了很多。"

小女孩接着画了另一幅时空图，如图 4-2 所示。

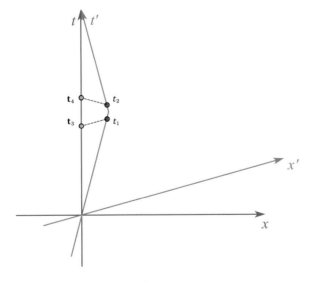

图 4-2

小女孩指着图对思思讲解道："蓝色时间轴就是你的轨迹，先匀速离开我，中间短暂地减速、掉头再加速，然后匀速靠近我。在**你的参考系**里，加速过程在你的手表时间为 t_1 和 t_2 之间；在你的手表时间为 t_1 的**同时**，我的手表时间为 t_3；在你的手表时间为 t_2 的同时，我的手表时间为 t_4。两个'同时'的判断所用的虚线都是平行于空间轴的，但空间轴本身因为时间轴的转动而转动了，结果就是 $t_4-t_3 > t_2-t_1$，也就是加速过程中我的表走得比你的快。"

"原来如此！"思思叫起来，"所以说，在我加速过程中，我用来判断同时性的空间轴会转动，扫过你的时间轴上一大片区域，从而导致在我看来你的表跑得飞快。"

"完全正确！"弦论小女孩和光束骑士异口同声地称赞道。

"耶！时空图真好用！"思思很开心。

光束骑士接过话题："我们还可以做个思想实验。虽然实际上不存在无穷大的加速度，也就不存在瞬间反向的运动，但我们不妨假设减速掉头再加速是瞬间完成的（注意：实际上这不仅仅是一个思想实验，而是切实可行的真实实验，只不过需要一点技巧才能实现）。思思，看看你能不能用时空图分析出来，这种情况下在你的参考系里，小女孩的表是怎么走的？"

思思画出了时空图，如图 4-3 所示。

然后根据时空图答道："假设我的手表时间为 t_0 的时候，我的速度突然反向，那么我的 t_0 对应两个不同的空间轴，也就对应两个同时发生的事情：小女孩的手表时间为 t_1 和 t_2 这两件事。所以我看到的应该是，小女孩的表在一瞬间从 t_1 跳到了 t_2。"

"真棒！"小女孩和光束骑士又一次异口同声。

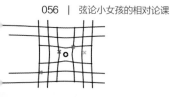

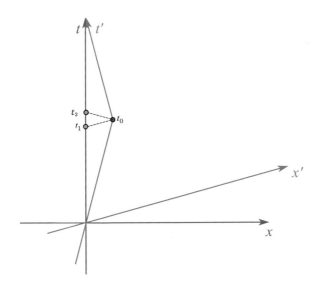

图 4-3

"思思！"老师的声音又穿破了梦境，惊醒了思思，"上课又偷睡！你来回答这个问题：考虑闵可夫斯基时空中的双生子佯谬，双胞胎各自所处的状态是不是等价的？"

思思刚想回答"不是的，只有一个人有风火轮"，但她很快定了定神，知道这么说肯定会被嘲笑，于是改口道："不是的，坐在火箭上的哥哥会经历加速过程。"

在老师和同学们惊异的目光中，思思逃过了第四劫。

数学课
坐标系和度规

坐标系与直线

在开始讨论之前，请你思考一个问题：什么是直线?

答案很简单：两点之间直线最短。一条直线就是具有如下性质的轨迹：在直线上任取两个点，那么这两点之间的任何轨迹的长度都不小于直线轨迹的长度。

看起来我们解释清楚了什么是直线，但问题还是没有解决：什么是长度?

你可能会说，我们可以在空间中架设一个直角坐标系，以二维空间为例，这样坐标为(x_1, y_1)和(x_2, y_2)的两个点之间的距离就是

$\sqrt{(x_1 - x_2)^2 + (y_1 - y_2)^2}$。但问题是，你怎么知道自己架设的就是直角坐标系呢？万一你用的坐标系里 y 轴上到原点距离为 y_0 的点的坐标其实是 $\frac{1}{2}y_0$，那么坐标为 (x_1, y_1) 和 (x_2, y_2) 的两个点之间的距离就有可能是 $\sqrt{(x_1 - x_2)^2 + (2y_1 - 2y_2)^2}$，甚至什么奇怪的表达式都有可能。

你可以这样来想象上述图景：你手上有一把尺子，它的长度是 1。当你把它沿着上述坐标系的横轴摆放时，它两端的横坐标之差也是 1；但是沿着纵坐标摆放时，它两端的纵坐标之差是 $\frac{1}{2}$。在这个坐标系里看来，就好像尺子在从横向旋转到纵向的过程中，长度不断被压缩，在转到纵向时看起来只有横着时一半的长度了。

实际上，笛卡尔最初发明坐标系的时候，并没有限定必须是直角坐标系，也没有限定坐标轴上两点的坐标值之差一定等于两点的距离。他只是意识到每个点都可以唯一地表示为一组数字，比如二维平面上的每个点都可以用两个数字来表达，而这组数字并不一定是直角坐标。

不过，我们人类的脑子更喜欢处理图像信息，比起"一组数字"，我们更容易理解几何图像，所以不管坐标系是不是直角坐标系，都可以**强行画成**直角坐标系来直观表达，有的时候甚至只能这么画。我们举一个简单的例子：平面上的极坐标。

极坐标表示点的方法是，先确定一个原点 O 和一条基准轴线，如果平面上的一点 P 到 O 的距离是 r，而 PO 是基准轴线逆时针旋转了 θ 的结果，那么就用数组 (r, θ) 来表示点 P，如图 4-4 所示。

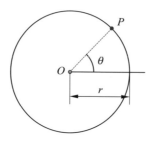

图 4-4

如果我以极坐标 r 和 θ 来向你描述一些点的位置、一些图的形状，但你**以为**我用的是直角坐标系，那么你就可能把我所想的图案给扭曲了，就像图 4-5 那样。

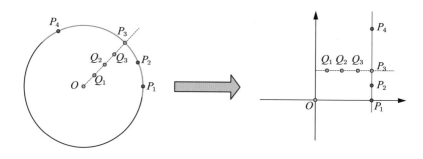

极坐标强行化为直角坐标后的变化，

极坐标中的圆都变成了直线

图 4-5

极坐标平面里的一个圆，被你画成了一条直线，就像图里那样；反过来，虽然图上没画出，但极坐标平面里的一条直线，也可能被画成一条曲线。所以，同样是用数组 (r, θ) 来表示平面上各点，把这组数**认为是极坐标**和**认为是直角坐标**，得到的关于直线的定义就是不同的。如果**真正**的直线是**以极坐标为准**的，那么在右边的"直角

坐标系"里，真正的直线反而看起来可能是曲线；看起来是直线的（比如四个 P_i 点所在的直线）也有可能实际上是曲线。

这就是弯曲空间吗？其实不是，举这个例子是为了说明，如果一个坐标系里两点之间的最短的轨迹看起来不是直线，并不一定说明这个空间是弯曲的，而有可能是平坦空间上使用了非直角的坐标系。弯曲空间会在本节稍后介绍。

如果坐标系不是**真正的**直角坐标系，那么用**坐标**来计算点和点之间的**距离**，就不一定遵循**勾股定理**了。比如说图 4-5 中的 $P_1 = (r, \theta_1)$ 和 $P_2 = (r, \theta_2)$ 之间的距离，就不是按照勾股定理算得的 $|\theta_1 - \theta_2|$，而是 $r \cdot \dfrac{\sin(|\theta_1 - \theta_2|)}{\sin(\pi/2 - |\theta_1 - \theta_2|/2)}$，复杂了好多，而且还和横坐标的值 r 有关。也就是说，在这样的"直角坐标系"里，一把竖直的直尺逐渐远离 y 轴时，**看起来**越来越短。

在实际的研究中，我们不见得能找到绝对正确的直角坐标系，有时只能有什么坐标系就用什么坐标系。为了方便，这些坐标系有可能会被画成或者想象成直角坐标系的样子，尽管它们实际上可能不是。那在任意的坐标系里，我们要怎么确定哪些轨迹才算直线呢？这就要用到**度规**的概念了。

通俗来说，度规是计算**微小距离**的方法。如果在一个二维坐标系中，两个点的**横纵坐标的数值**分别相差 dx 和 dy，其中 dx 和 dy 都是非常非常接近零的数字，那么这两点之间的**距离**总可以**近似**写成 $ds = \sqrt{a dx^2 + b dy^2 + c dx dy}$ 的形式，其中 a, b, c 都是数字，它们的具体取值可能随着所在空间位置的不同而不同。这三个数字所表示的就是这个坐标系里的度规。dx 和 dy 越接近零，这个近似就越准确。

为了方便，表示度规的时候可能不用距离，而是用距离的平方：

$\mathrm{d}s^2 = a\mathrm{d}x^2 + b\mathrm{d}y^2 + c\mathrm{d}x\mathrm{d}y$，这样就省得写长长的根号了。比如说，极坐标下的度规就可以表示为$\mathrm{d}s^2 = \mathrm{d}r^2 + r^2\mathrm{d}\theta^2$，这里 $\mathrm{d}r$ 的系数 1 和 $\mathrm{d}\theta$ 的系数 r^2 都是数字，虽然后者会根据在平面上的位置不同而不同。

虽然我们说度规是描述坐标差异很小的两点之间的距离，但是如果把一条轨迹细细地划分成非常短的小段，通过度规近似计算出这些小段的长度，再把结果全部相加，得到的就是这条轨迹的近似长度。划分出来的小段越短，这个近似就越准确。如图 4-6 所示。

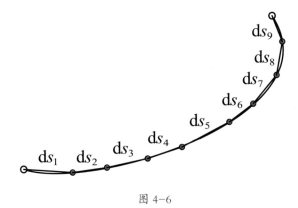

图 4-6

计算轨迹长度的示意图。计算过程一共用到两个近似：第一个近似是，将轨迹分成若干小段，比如本图中就是九个小段，然后计算每个小段的两个端点之间的距离，加起来即得到整个轨迹的近似距离。第二个近似是，两个端点之间的距离，可以用其中一个点处的度规和两点的坐标之差来估算。两个端点之间的距离越小，用度规来计算的距离就越准确；分出的小段长度的上限越小，小段长度之和与轨迹的实际长度之差就越小。可见我们把轨迹分得越细，两个近似就都越准确，因此用度规来计算其长度就越准确。

如果我们恰好选中了直角坐标系，那么用坐标来计算线的长度时就遵循勾股定理，也就是说度规的形式就是最简单的$\mathrm{d}s^2 = \mathrm{d}x^2 + \mathrm{d}y^2$，

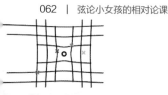

我们称为**欧几里得度规**，有这样度规的空间是平坦的。那么，如果度规的形式和这个不一样，就意味着空间是弯曲的了吗？这倒不一定，毕竟我们之前说过，可以在平坦的空间上选奇奇怪怪的坐标系嘛。以极坐标系为例，它的度规写作$ds^2 = dr^2 + r^2 d\theta^2$，但它表示的依然是平坦的欧几里得空间，所以这也算一种欧几里得度规。

也就是说，同样的空间，选用不同的坐标系会得到不同样子的度规。要判断空间的弯曲等性质，需要靠曲率、挠率等其他的量。在现代时空理论中，大多数时空模型都只有曲率而设挠率为零，但也有少部分人在研究带挠率的时空。本书后面会浅显地介绍一下曲率的概念，但不会涉及挠率。

弯曲的空间

弯曲空间指的是像球面这样**无法展平**的曲面。球面上的各点自然也可以用两个数字来表示，从而可以建立一个二维坐标系来表示球面。球面上的度规不可能是欧几里得度规，用一些微分几何的方法可以从度规的表达式中推算出这是一个弯曲的空间。在数学课"曲率与度规"中会进一步介绍球面为什么是无法展平的。

如果在一个真正的三维直角坐标系中有一个球，这个球上的直线是什么样的呢？答案是，所有直线都是球上的大圆，即半径和球半径相同的圆环轨迹。我们可以根据"两点之间直线最短"，利用度规来计算轨迹长度，从而证明这一点——当然，本书不会涉及那么深入的内容。

我们之前讲过的闵可夫斯基度规，就是一种非欧几里得度规的例子。尽管不是欧几里得度规，但它依然是平坦的，且处

处都可以表示为 $ds^2 = -dx_0^2 + dx_1^2 + dx_2^2 + dx_3^2$，因此可以用不那么微小的坐标之差来表示，也就是第 3 课里思思的老师写下的 $\Delta s^2 = -c^2(t_1 - t_2)^2 + (x_1 - x_2)^2 + (y_1 - y_2)^2 + (z_1 - z_2)^2$。在不平坦的空间里，往往只能用微小的 ds^2 来表示度规，而且不同点处的度规通常不一样。

另外，正如弦论小女孩在第 3 课中提到的，数学上通常把度规翻译为"度量"。

思考

在球面上，存在两条永不相交的直线吗？

第 5 课
速度的叠加

今天上课，老师讲速度的叠加。

"考虑三个观察者 A、B 和 C，他们站在同一条线上，运动也沿着这条线。B 相对 A 以速度 v 运动，C 相对 A 以速度 u 运动，那么 C 相对 B 就以速度 $u' = \dfrac{u - v}{1 - uv}$ 运动。"

老师说着，在黑板上画了一幅图，如图 5-1 所示。

"同学们看，蓝色是 A 的坐标系，红色是 B 的坐标系，白色线就是 C 在时空中的**世界线**。由于是**过原点的匀速直线运动**，我们只需要取 C 的世界线上**除了原点之外的任意一点** P，计算这一点在某个坐标系里的空间坐标和时间坐标之比，就可以得到 C 在对应坐标系里的速度。

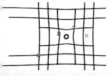

图 5-1

"由于已知在蓝色坐标系中，C 的速度是 u，故我们任取的这个参考点 P 的坐标应该形如 (ut, t)。做洛伦兹变换，可以知道 P 在红色坐标系里的坐标是 $\left(\frac{ut-vt}{\sqrt{1-v^2}}, \frac{t-vut}{\sqrt{1-v^2}}\right)$。于是，红色坐标系里 C 的速度就是这两个坐标的比值：

$$u' = \frac{\left(\frac{ut-vt}{\sqrt{1-v^2}}\right)}{\left(\frac{t-vut}{\sqrt{1-v^2}}\right)} = \frac{u-v}{1-uv}$$

这就是速度的叠加公式。"

老师讲得飞快，思思吭哧吭哧地在草稿纸上奋笔疾书，验算着。

算是算出来了，可是干巴巴的公式到底什么意思，思思没有把握。

没想到，接下来，老师又讲了好几种推导思路，有三角函数，还有微分，看起来就比刚才的代数方法复杂多了。思思脑袋晕乎乎的，不知道什么时候又睡过去了。

"你来啦！"小女孩见到她很高兴，"你今天很开心的样子嘛，看来课都听懂了。"

"那当然！"思思一仰头，"快快快，上次风火轮摩托我还没玩过瘾呢，我还想玩！"

"就等你这话啦！"小女孩掏出仙女棒，变出了两辆摩托。

"嗯？为什么这次有两辆？"思思很疑惑。

光束骑士不知什么时候出现在她背后："上次你离开之后，小女孩就吵着说她也想玩，而且想和你比赛。这不，我就是来给你们当裁判的。"

"跟我比比嘛，看谁更快！"小女孩跑到思思面前仰头看着她，脚下一蹦一蹦的。

"好呀！"思思也迫不及待地坐上一辆车。

随着光束骑士的一声哨响，小女孩如离弦之箭般冲了出去。思思不熟悉怎么操作这摩托，多摆弄了几秒，就已经被远远甩在后头了。

两辆摩托的性能几乎一致，尽管思思只是比小女孩晚出发了一点，可无论她怎么加速，依然撵不上小女孩。车头架着一块平板，上面分别显示着光束骑士和小女孩相对于思思的速度。

"光束骑士的速度是 -0.9，也就是说这会儿我相对于他的速度是 0.9。"思思想道，"小女孩的速度显示为 0.35，竟然还是这么快！"

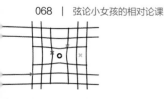

回到地面，光束骑士宣布了比赛结果，小女孩以两秒钟的优势胜出。

思思挠挠头："奇怪，从光束骑士的视角看来，我们都跑了那么远，小女孩又那么快，怎么才相差两秒钟呢？"

光束骑士听到了她的自言自语，接话道："没有呀，在我看来，你们的速度差不多的。"

思思说："可是路上我留意看了一眼相对速度，我相对你的速度都到 0.9 倍光速了，小女孩竟然还是比我快 0.35 倍光速！"

"哈哈哈哈！"小女孩在一旁弯腰捂着肚子笑起来，"你不会以为，我相对光束骑士的速度到了 $0.9 + 0.35 = 1.25$ 了吧！我还以为你真的听懂今天的课了呢！"

听小女孩这么一说，思思才想起来今天课上讲的**速度叠加**公式，连忙补救道："我当然听懂了！不就是速度叠加公式嘛，我这就算算光束骑士眼中你的速度是多少！"

思思回忆着老师上课所讲的情形："三个观察者 A、B 和 C 站在同一条线上，运动也沿着这条线。B 相对 A 以速度 v 运动，C 相对 A 以速度 u 运动，那么 C 相对 B 就以速度 $u' = \dfrac{u-v}{1-uv}$ 运动。"她注意到，这是已知 B 和 C 相对于 A 的速度，求 C 相对于 B 的速度——对应眼下要计算的情形，那就要让自己是 A，光束骑士是 B，而小女孩是 C。这样一来，在思思留意相对速度的那个瞬间，就应该有：

$$u = 0.35 \quad v = -0.9$$

代入速度叠加公式，可以算得**光束骑士眼中**小女孩的速度：

$$u' = \frac{0.35 + 0.9}{1 + 0.9 \times 0.35} = 0.95$$

果真和**光束骑士眼中**思思自己的速度，即 0.9，差不多！

小女孩看到她恍然大悟的表情，嘻嘻一笑，"怎么样，算出来了吗？"

"嗯！"思思点点头，"课上只顾跟着老师的思路推导公式了，还真没有好好体会一下速度叠加到底是什么样的感觉。原来在我看来巨大的速度差，在光束骑士看来只有很小的差异呢。"

光束骑士说："反过来也可以认为，在我看来很小的速度差，实际上也可能有天壤之别。"

看起来弦论小女孩还想说什么，但这时老师拍醒了思思："又睡着了！起来回答问题：速度叠加会导致一个观察者眼中低于光速的物体在另一个观察者眼中超过光速吗？"

思思揉了揉眼睛站起来："不会。"

在老师无奈的目光中，思思逃过了第五劫。

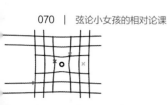

第6课
相对论性质量

今天上课，老师讲著名的质能方程。

"上节课我们讲了速度的变换，我们把这一结论应用于计算加速度。考虑两个观察者 A 和 B，在初始时刻二者有一个相对速度。现在给 B 施加一个恒定的力，于是 B 认为自己开始匀加速运动——也就是说，在任何时候，取一个与 B 相对静止的参考系，则在这个参考系中过了一段极短的时间 dt 后，B 的速度应该变成 adt，其中 a 是常数。

"但是在 A 看来 B 的加速度是越来越小的。如果我们认为 B 的受力不变，那加速度变小只能是因为质量增大。也就是说，在 A 眼中 B 的质量随着速度的增大而增大。我们套用速度的变换，来计算加速度的变换。"

老师在黑板上列了一大堆式子，算出一个超级复杂的式子。

"从公式中我们可以看出来，对于 B 来说，无论力朝什么方向，大小都是一样的。但是对于 A 来说，当力朝向不同方向时 B 的加速度也不同，甚至通常力和加速度的方向都不同。

"早期的物理学家曾提出，这意味着质量是一个二阶张量，也可以理解为质量随着方向的不同而不同。不过现在我们早就抛弃这个提议了，而是改用**四动量**的概念。四动量是四速度乘以物体的**静质量**，而四速度是物体的轨迹关于时空间隔求导的结果。如果一个物体的三维速度是(v_x, v_y, v_z)，那么可以算出它的四速度为 $\frac{1}{\sqrt{1-v^2}}(1, v_x, v_y, v_z)$，其中$v^2 = v_x^2 + v_y^2 + v_z^2$；如果还知道物体的**静质量** m，那就可以算出物体的四动量$\frac{m}{\sqrt{1-v^2}}(1, v_x, v_y, v_z)$。

"四动量中后三个分量表示的是我们熟知的**动量**，而第一个分量表示的则是**能量**。如果把能量记为 E，那么四动量的第一个分量就表达为：

$$E = \frac{m}{\sqrt{1-v^2}}$$

"这就是著名的**质能方程**。

"如果对质能方程右边进行**麦克劳林展开** [1]，能得到：

$$E = m + \frac{1}{2}mv^2 + \frac{3}{8}mv^4 + \frac{5}{16}mv^6 + \frac{35}{128}mv^8 + \cdots$$

"当 v 很小时，我们就近似有$E = m + \frac{1}{2}mv^2$，比起速度为零时的$E = m$，多了一个$\frac{1}{2}mv^2$项，这正是牛顿力学中的动能。"

---

1 参见附录 C "一点微分学"的"泰勒展开"一节，并注意这里的自变量是 v^2。

老师都已经讲到了后面的内容，思思却还卡在计算加速度的变换上。好不容易算出来了，但思路已经跟不上了。她干脆往桌上一趴，等着弦论小女孩来救她。

"你呀你呀！"弦论小女孩听完思思的求救，踮起脚尖点她的脑门，"不想着自己好好消化，就指望我替你思考。"

"其实是因为你比老师厉害啦！"

"真拿你没办法，谁让我最宠你了。"小女孩拉起思思的手，"走吧，我们去玩台球。"

"那我们能不能快一点，等会儿睡过头又要被老师骂了。"有求于人，思思没办法拒绝。

"你都上课睡觉啦，还在乎'睡过头'吗？"小女孩不由分说，拉着思思就跑起来。

她们来到了一块由紧实的呢子铺成的平地上，黑色的网格线沿着光洁的白色大地延伸到无穷。思思正惊叹于这场景带来的广阔感时，小女孩已经换上仙女的服饰，手中的魔杖轻轻一挥，大地上就出现了许多一人高的台球。

"哇！"思思惊喜地叫出声来，"像在巨人球桌上一样，好有趣！"

小女孩又挥了挥魔杖，大地上随机出现了几个球洞，四道栅栏把台球、球洞和两人都围在中间。"我们来比赛吧，用唯一的白色母球击球，不管进没进，都是一人打一杆，看谁打进的球多！"

思思环视了一下周围的球："这么大的球，得用多大的球杆打呢？"

小女孩递给她一把小小的金属锤："用这个敲！"

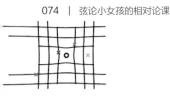

思思接过小锤掂了掂："球这么大，我也看不清球和洞的位置呀。'不识庐山真面目，只缘身在此山中'。"

小女孩说："我来解决！"她变出一架四轴无人机，让它升到高空，然后掏出两块平板，分给思思一块，"屏幕上是无人机俯瞰的视角，这样你就能看清球和洞在哪里啦！至于打球嘛，这些球都很轻的，用小锤轻轻一碰就动起来啦，你来试试！"

"具体有多轻呢？"

"大概有一个小分子那么轻吧。"

思思瞪大了眼睛："这么大的球才这么轻，那它们在空气里怕是寸步难行咯。"

"嘻嘻！"小女孩捂嘴一笑，"这就是为什么要用锤子敲呀！这锤子是我特意设计的，台球只会和地面、锤子及其他台球相互作用，徒手去碰它的话手会穿过去，像幻影一样！所以台球也不会和空气作用，不怕空气阻力啦。"

"原来是这样，那我来试试。"思思小心地用锤子碰了一下母球，它立刻如离弦之箭一般飞了出去，眨眼间出现在十几米外，停下了。

小女孩解释道："因为球太轻，你轻轻碰了一下它就能获得很高的初速度，但是地面的摩擦力会迅速消耗掉它的动能，让它停下来。打这种台球的感觉就是这样的，它们启动和停止都太快，你是看不清过程的。"

"我们就这么站在球之间，手里捏着能和台球作用的小锤，又看不清过程，那球撞到小锤怎么办？"

"小锤的材质比较特殊，每敲一次要在地上擦一擦，才能再次和台球作用哦。"

"这么方便呀？这可比现实里的台球刺激多了！"思思兴奋起来，完全忘了上课的事，催促着小女孩开始比赛。

台球很大，又有无人机视角的帮助，找到理想的击球角度很方便。但问题是，击球的力度很难掌握。思思发现，随着敲力增大，台球反馈的感觉就越坚硬，如果用很大的力去敲，甚至会震得手疼。

看到思思甩着手腕直龇牙，弦论小女孩笑了："这就是老师上课讲到的相对论性质量呀。尽管敲一下的过程很短，但也是一段加速过程，你用的力越大，球的速度也就越大——还记得质量和速度的关系吗？"

思思努力想了想："我只记得老师讲的质能方程$E = \dfrac{m}{\sqrt{1 - v^2}}$，这个跟速度有关，但好像又和我以前见到的$E = mc^2$不一样。"

"就是这个哦！$E = mc^2$中的m，就是$E = \dfrac{m}{\sqrt{1 - v^2}}$中的$\dfrac{m}{\sqrt{1 - v^2}}$[注意：按照自然单位制，令$c = 1$，则常见的质能方程应该写为$E = m$。这个$m$就是所谓的"动质量"，但这个概念现在基本不用了，而只用"（静止）质量"m_0。不过反正都只用静止质量了，也没有必要带下标，所以这里也就直接把静止质量写成m了。小女孩这句话的意思就是说，两种写法里的m不一样]。质能方程说的是，质量和能量是同一种东西的不同叫法。在同样的力作用下，速度越快的东西加速度就会越慢，就好像质量变大了一样。所以你用力敲台球的时候，它很快加到很高的速度，导致你感觉它很重、很硬。"

"哦！"思思用力点点头，"原来是这么一回事！但是对于运动的物体，力施加在不同方向上的时候加速度也会不同，感觉就好像不同方向表现出来的质量不一样似的。老师说现在已经不这么认为了，而是用什么四动量来替代，我实在不明白这其中的关系。"

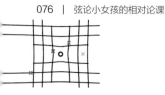

小女孩说："同一个物体，在不同参考系中的速度分量是不一样的，时间流逝速度也不一样；今天的课还告诉你，它表现出来的惯性质量也会不一样。这就说明速度分量等概念，都不是本质的，而是某些本质概念的表示。比如说，欧几里得空间里存在着一个点，那这个点本身就是本质的，而点的坐标值就只是一种表示。选用不同的坐标系，点还是那个点，但坐标值就可能不同了。"

"嗯，这我明白。就像三视图一样（如图 6-1 所示），被观察的物体是本质的，但它的投影只是对本质的表示。选择的观察角度不同，得到的表示就不同，但并不会影响事物本身。"

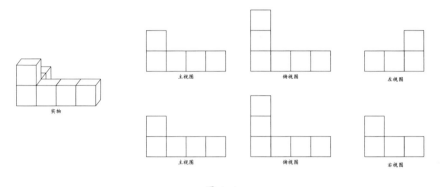

图 6-1

三视图的比喻。左边是一个实物，右边分为两行，每行各是一组三视图。两组三视图不一样，具体体现在最后一个"坐标值"（左视图和右视图）不一样。

"这个比喻很好！"小女孩夸奖道。

"这部分我明白了，但你想告诉我的本质概念是什么东西呢？"

"就是**四速度**。四速度是用物体在时空中的位移除以对应的时空间隔得到的，在任何观察者看来，它有四个分量，一个是时间分量，表征了这个物体在观察者眼中的时间流逝速率；另外三个是空间分量，它们和你熟知的三维速度分量紧密相关，但要乘上一个因子 $\dfrac{1}{\sqrt{1-v^2}}$。如何用物体的速度算出四维速度，老师在课上已经给你讲啦，我看到你的笔记里也记得清清楚楚的。"

思思回忆了老师课上讲的公式："静止质量也是一种本质概念吧？用它乘以四速度，就得到四动量，感觉和我以前学过的三维动量的定义好相似，只是把速度换成了四速度。"

"就是这样！不过我们一般不说'静止质量'，而是就叫'质量'。"小女孩说，"牛顿力学可以表述为，定义 mv 是动量，$\dfrac{1}{2}mv^2$ 是动能，而一切物理过程都遵守动量守恒和能量守恒。这种说法和牛顿第二定律是等价的，都是描述物体相互作用的规律。在相对论中，物体相互作用的规律则描述为'四动量守恒'，它的形式和牛顿力学稍有不同，不过也可以看成是能量、动量守恒的一种形式，毕竟它的分量里既有能量项也有动量项。"

思思还是感到有些似懂非懂。小女孩宽慰道："一口吃不成个胖子，你要在将来打好数学基础才能真正理解物理学家们这么做的深意哦。"

"哦……"思思陷入思考，不知道什么时候自己醒了。她从桌上抬起脑袋，正好看到老师卷起的课本悬在半空中。

"今天怎么自己醒了，算是变'自觉'了一点吗？"老师放下课本，"思思，你来回答这个问题：相对论动力学的基本假设是什么？"

思思回答："是四动量守恒定律。"

在同学们惊异的目光中，思思逃过了第六劫。

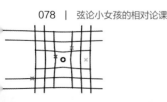

数学课

矩阵

矩阵是把一堆元素排列成的矩形阵列。用什么元素构造矩阵都可以，但我们这里只讲最简单、最常见的情形：数字矩阵。

我们列几个随机的数字矩阵，让你对这个概念有点基本的印象：

$$\begin{pmatrix} 1 & 2 & 2 \\ 3 & 0 & -1 \end{pmatrix} \quad \begin{pmatrix} 3 & 2 \\ 7 & 1 \end{pmatrix} \quad \begin{pmatrix} 1 & 2 & 3 & \cdots & n \\ 2 & 3 & 4 & \cdots & n+1 \\ 3 & 4 & 5 & \cdots & n+2 \\ \vdots & \vdots & \vdots & & \vdots \\ n & n+1 & n+2 & \cdots & 2n \end{pmatrix}$$

以上举例的三个矩阵，从左到右，分别被叫作 2×3 矩阵、2×2 矩阵和 $n \times n$ 矩阵。其中 2×2 矩阵和 $n \times n$ 矩阵又可以分别叫作 2 阶**方阵**和 n 阶**方阵**。矩阵中每个数字，都叫作**矩阵元素**，常简称为**矩阵元**。

只有一行的矩阵，常称为**行矩阵**；类似地，只有一列的矩阵常称为**列矩阵**。

　　将一堆数字排列成矩形，好像只是一种归类方式，没什么特别的。矩阵真正的威力在于其运算规则，特别是矩阵乘法。

矩阵运算

　　我们首先讲**数乘**，因为它最简单。在一个矩阵 M 前面乘一个数字 a，得到的结果是一个矩阵 aM，aM 矩阵元都是 a 乘以 M 对应位置的矩阵元。

　　举个简单的例子：

$$2\begin{pmatrix} 3 & 4 \\ 5 & 6 \end{pmatrix} = \begin{pmatrix} 6 & 8 \\ 10 & 12 \end{pmatrix}$$

　　接下来是**矩阵加法**。只有**行数和列数都相同**的矩阵，才可以进行加法运算，方式就是对应位置的矩阵元相加。我们看一个简单的例子：

$$\begin{pmatrix} 1 & 2 \\ 6 & 7 \end{pmatrix} + \begin{pmatrix} 3 & 4 \\ 11 & 18 \end{pmatrix} = \begin{pmatrix} 4 & 6 \\ 17 & 25 \end{pmatrix}$$

　　看，左边两个矩阵的**第一行第一列**的元素分别是 1 和 3，所以右边矩阵的**第一行第一列**的元素就是 $1 + 3 = 4$。其他位置的元素也同理，请你自行验证。

　　光有矩阵加法，好像也看不出什么特别。你可能还会问，矩阵的意义何在？不就是把数字排到一起嘛，哪怕是加法也是对应的数字相加而已，看不出为什么非要排列成这种特定的形式。

　　嘿嘿，别急，这是因为矩阵真正的威力在于其乘法，而乘法高

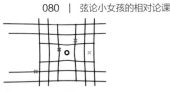

度依赖矩阵的结构，我们这就讲。

矩阵乘法是有方向性的。首先，**左边**矩阵的**列数**，必须和**右边**矩阵的**行数**一样。这是因为乘法结果中，第 i 行 j 列的元素，就是用来做乘法的左矩阵的第 i 行的元素和右矩阵的第 j 列的元素对应相乘后相加的结果，如图 6-2 所示。很绕口对吧？我们还是用实例来看看乘法是怎么进行的吧，这样比较好理解：

$$\begin{pmatrix} 1 & 2 \\ 6 & 7 \end{pmatrix} \times \begin{pmatrix} 3 & 4 \\ 11 & 18 \end{pmatrix} = \begin{pmatrix} 25 & 40 \\ 95 & 150 \end{pmatrix}$$

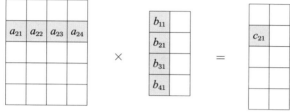

矩阵乘法的示意图。每个小方框都代表一个数字，三组方框分别是矩阵 $\{a_{ij}\}$、$\{b_{ij}\}$ 和它们的乘积 $\{c_{ij}\}$。结果矩阵的第 2 行 1 列的元素 c_{21}，是相乘的两个矩阵中左矩阵的第 2 行对应乘以右矩阵的第 1 列并求和的结果[1]。

图 6-2

如果我们要知道右边的**结果矩阵**中第 2 行第 1 列的元素，那么就要找到参与运算的**左矩阵**中第 2 行的元素(6 7)和**右矩阵**中第 1 列的元素 $\begin{pmatrix} 3 \\ 11 \end{pmatrix}$，让它们对应相乘后相加，即可得到所求的结果：

$$6 \times 3 + 7 \times 11 = 95$$

结果矩阵中的其他三个元素也是同理，请你自行验证。这会比

1　本图引自小时百科。

加法复杂一些。

矩阵乘法中参与相乘的两个矩阵一般是不能交换位置的。比如说，我们把上面例子中的两个矩阵调换一下位置，就能得到：

$$\begin{pmatrix} 3 & 4 \\ 11 & 18 \end{pmatrix} \times \begin{pmatrix} 1 & 2 \\ 6 & 7 \end{pmatrix} = \begin{pmatrix} 27 & 34 \\ 119 & 148 \end{pmatrix}$$

结果就和调换前完全不一样了。这种情况我们称之为"非交换性"或者"非对易性"，曾经让物理学家迷惑不解的"运算的不对易"就是来源于此。

如果你在数学学习中了解了映射，并知道矩阵乘法可以表示线性映射及其复合，那你很可能会注意到，矩阵乘法的非交换性正是来自映射复合的非交换性。这就是对矩阵乘法最根本的理解。

在线性代数中你会了解到，线性空间必须有两种运算，即数乘和加法。矩阵也有数乘和加法，而且满足线性空间要求的性质，因此矩阵的集合也能构成线性空间。同时，矩阵还多了一个矩阵乘法，而有合理乘法定义的线性空间又被称为"代数"。矩阵集合配上这里所讲的三种运算，就构成了"矩阵代数"。这是专业数学训练中要掌握的内容，作为科普，我只是简单提一提。

第7课
选读课：托马斯进动

今天上课，老师讲狭义相对论的最后一课。

"今天是考试前的最后一课，我们讲一点有趣的内容。这部分内容很有挑战性，但考试不会考，大家放松地听听就好。

"我们先回顾一下洛伦兹变换，它可以写成一组变换方程：

$$\begin{cases} t' = \dfrac{t - vx}{\sqrt{1 - v^2}} \\ x' = \dfrac{x - vt}{\sqrt{1 - v^2}} \\ y' = y \\ z' = z \end{cases}$$

"现在我想简化一下它的表达。我们用列矩阵表示事件的前后坐标，变换前的坐标表示为：

$$A = \begin{pmatrix} t \\ x \\ y \\ z \end{pmatrix}$$

变换后的坐标表示为：

$$A' = \begin{pmatrix} t' \\ x' \\ y' \\ z' \end{pmatrix}$$

那么我们就可以把上述洛伦兹变换用矩阵

$$L = \begin{pmatrix} \frac{1}{\sqrt{1-v^2}} & \frac{-v}{\sqrt{1-v^2}} & 0 & 0 \\ \frac{-v}{\sqrt{1-v^2}} & \frac{1}{\sqrt{1-v^2}} & 0 & 0 \\ 0 & 0 & 1 & 0 \\ 0 & 0 & 0 & 1 \end{pmatrix}$$

表示为：$A' = LA$。这样，我们就借助矩阵的乘法简洁地表示了洛伦兹变换。

"如果我们有三个参考系 A、B 和 C，且已经知道 A 到 B 的**洛伦兹矩阵**是 L_1、B 到 C 的洛伦兹矩阵是 L_2，那么 A 到 C 的洛伦兹矩阵就是 $L_2 L_1$。"

思思对矩阵运算还不熟悉呢，好想大叫"慢一点"。可环顾四周，同学们都在认真听课，时不时低头在本子上记些什么。

"都是枯燥的计算，哪里有趣啦……"思思一边嘟哝着，一边抄写黑板上的式子，心想一会儿课后再慢慢自己算一遍好了。

可是光死抄公式，根本跟不上老师的进度嘛。矩阵里那些密密麻麻的数字和符号都从纸上飘落下来，在思思眼前打转。她只感觉眼皮沉沉的，不知道什么时候又回到了弦论世界。

一见到小女孩，思思就赶紧拉住她诉起苦来："今天老师讲了一大堆矩阵运算，太复杂了，我光顾着算，都不知道算出来的是什么。"

"你已经学过矩阵运算了呀，这难不倒你吧。"

"算是会算，但是我脑子里只剩一堆乱七八糟的数字飞来飞去，完全不知道有什么用。"

"这样啊。"小女孩拉起思思的手，"走吧，带你去我们新建成的空间站玩玩。"

"我都火烧眉毛了，你还有心思带我玩？"思思脸皱得跟包子似的。

"当然和你学习的内容有关呀。走啦走啦，别傻站着。"小女孩说着跑到思思背后，用力推着她走起来。

两人来到一个电梯间，乘着太空电梯上升到了同步轨道空间站。一开始，电梯的**加速度**不断增大，让思思逐渐感到身体越来越重；过了一会儿，电梯的**加速度**又开始不断减小，这又让思思感到身体越来越轻。等到电梯停下时，她们正好到达目的地，此时思思感到自己已经完全失重了。

小女孩告诉思思，电梯的加速度变化是精心设计过的，为的是让乘客在上升过程中感到重力是平稳减小的。

"要是突然失重，你的身体就会以为自己从高空坠落了。"小女孩说。

"要那样可太吓人了。"思思缩了缩脖子。

弦论世界的空间站特别宽敞，思思之前对幽闭恐惧的担心全都消失了。但初来乍到，她还是不太适应同步轨道上的无重力环境。

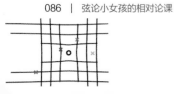

小女孩见她不敢随意地到处"走动"，就提议道："要不还是给你创造一个类似地球的重力环境吧，看你不太会在无重力下运动啊。"

思思紧紧抓着一个扶手，生怕自己飘出去就回不来了："怎么创造重力环境啊？"

"你跟我来。"小女孩抓住思思的手，示意她可以放开扶手。思思一松开手，小女孩就用脚一蹬，带着她在空间站里飘飞起来。思思紧紧抱着比自己小得多的弦论小女孩，在她的带领下飞到了一处圆柱形的舱室。

"感觉像进了一台滚筒洗衣机内部一样。"思思说。

"哈哈哈，你的感觉没错，就是滚筒洗衣机！"

"哦，我明白了！"思思叫起来，"你是想让舱壁旋转起来，这样我就能感受到离心力了！"

"对呀，离心力本质上是一种惯性力，和重力一样嘛。用离心力来模拟重力，合情合理。"小女孩说。

随着"滚筒洗衣机"的舱壁逐渐加快旋转，思思感受到越来越强的重力。她很快在旋转的舱壁里站稳了，可以自由走动了。

不过，她又有了新的担心："舱壁旋转这么快，不会散架吧？"

"嘿嘿，我们制造空间站的材料，可比你们人类的厉害多了！"小女孩停止了舱壁的旋转，"现在就让你看看我们空间站的舱壁强度有多大！"

小女孩又掏出一个机械装置，该装置有一个底座，上面连着三层圆环，圆环的中间是一个圆盘，如图 7-1 所示。她把这个装置的底座固定在舱壁上。

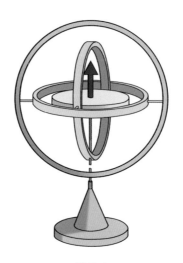

图 7-1

小女孩介绍说："这是一个陀螺仪。你看，最中间那个圆盘是最重的，那就是一个陀螺，有力矩试图偏转它时，它会抵抗，相对保持稳定。再加上外面的三层支架构成了一个**常平架**，这样外层支架的加速度对陀螺造成的力矩就很小了。这么一组合，就构成了一个非常稳定的陀螺仪，在大滚筒旋转的过程中保持陀螺的指向不变。"

"我知道我知道！"思思兴奋地接过话头，"常平架嘛，被中香炉用的就是这种原理，怎么晃荡，香炉里的灰都不会洒出来（如图 7-2 所示），所以可以捂在被子里。其实还挺像一个不倒翁的。"

"原来人类还有这样的设计吗？真聪明。"小女孩赞叹道。

"那是。"思思抬起下巴，"不过为什么要在这里放一个陀螺仪？"

小女孩把一根手指放到嘴前，一脸神秘："这你先不用管，一会儿就知道了。"

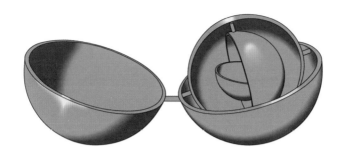

图 7-2

被中香炉示意图。被中香炉的常平架中间连接的不是陀螺，而是
一个小碗，里面盛着香灰。由于重心低于连接点，在不受力的情
况下，小碗会保持水平；在受一点点力的情况下，它也只是稍稍
偏离水平方向来回振荡，本质上和钟摆是一样的。把它连到常平
架上以后，它受到的扰动更是大大降低，以至于完全可以放到被
子里，怎么翻身折腾都不会让香灰洒出来。

说完，小女孩让陀螺高速旋转起来，然后带着思思飞出了大滚筒。
从思思的视角看来，陀螺仪固定在舱壁的最右边，旋转的陀螺尖稳
稳地指向正上方。

"我先让滚筒慢慢转一圈，你注意观察陀螺的指向。"小女孩说。

思思不以为然："想想都知道，陀螺的指向肯定是保持向上不
变的呗。"她知道，在滚筒以恒定的角速度旋转的时候，陀螺受到
的惯性力是垂直指向陀螺仪底座的，不会对陀螺产生力矩。

事实也确实如此，大滚筒缓缓地转过一圈又一圈，陀螺的指向
依然是指着正上方的。

"好了，现在让你开开眼界，看看这个大滚筒究竟能转多快！"小女孩说完，拍了拍几个按钮，大滚筒立刻加速转动起来。很快，滚筒转得像飞驰的车轮一般，看起来就是一层层模糊的圆环，分不清细节了。一开始，思思感到周围的一切都在随着滚筒的转动而振动，但随着滚筒的速度越来越快，振动反而不明显了。

"它真的不会散架吗？"思思紧紧抓着扶手，怯怯地问。

"那当然不会！"小女骄傲地回道，但她马上注意到思思害怕了，还是把大滚筒停下来了。

思思小心地飘进舱室，这儿敲敲，那儿摸摸，确认了大滚筒还是结实的，这才放下心来。突然，她注意到陀螺仪的指向，好像和之前不一样了。

"这个陀螺仪本来是指向……从我们的观察角度来说，是指向正上方的，现在怎么有些偏右了呢？"思思问小女孩。

"恭喜你，观察到了**托马斯进动**的现象！"

"什么……什么进动？"

"这个陀螺仪并不是因为外力而转向的，而是由于相对论效应。你可以这么理解：陀螺仪的指向一直是**它自身参考系**的 x 轴正方向，但是**在我们看来**这个参考系一直在运动，而且有垂直于速度方向的加速度，这就会导致**在我们看来**，陀螺的 x 轴会逐渐变歪，在滚筒里转一圈以后就会和出发前的方向有一定的夹角。"如图 7-3 所示。

"怎么会这样？"思思瞪大了眼睛。

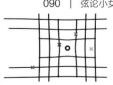

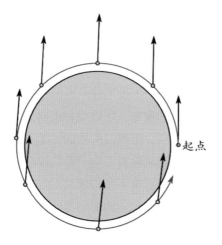

起点

过山车运动的示意图。从北极俯视，黄色点和红色曲线箭头是过山车的轨迹，黑色箭头表示此时过山车坐标系的 x 轴。过山车逆时针绕地球转一圈，x 轴的方向向顺时针有一点偏转。图中所示的故事中的偏转角度有所夸大，方便读者感性认识。

图 7–3

小女孩看出来了，说道："还记得你之前学过的矩阵吗？**洛伦兹变换**用**洛伦兹矩阵**表示，就是说，洛伦兹矩阵乘以坐标矩阵，得到的就是变换后的坐标矩阵；**连续进行**两个变换则用矩阵**相乘**表示。比如在尺子的例子里，我们先进行了一个洛伦兹变换，再在变换后的坐标系里进行一个洛伦兹变换，整个过程就可以表示为两个洛伦兹矩阵的乘积。

"你之前学到的洛伦兹变换，都是单个的'平动'变换，就是说它不涉及坐标轴的旋转。但是呢，如果你把'沿着 x 轴正方向运动'的洛伦兹矩阵和'沿着 y 轴正方向运动'的洛伦兹矩阵乘到一起，却发现它并不是一个平动变换，而是还要加上一个转动。你看，数学逻辑非常清晰，没那么多微妙的弯弯绕。"

"所以大滚筒里的陀螺，因为有向心加速度，相当于处在不断改变的惯性参考系里，于是它的坐标系也就在不断旋转了吗？"

小女孩又拍了拍手："不错不错，理解得很棒。具体到大滚筒里陀螺仪的例子，**在我们看来**，陀螺仪有指向滚筒中心的加速度，相当于过一小段时间之后，陀螺仪所处的参考系相对于之前有一个很小的速度变化，这个变化**垂直**于它之前的速度，就是这样的变化使得陀螺的坐标系在我们看来不断沿顺时针方向偏转，最终绕了一圈以后，可爱的陀螺仪依然忠实地指向我们的坐标轴方向，也就是跟着偏向右边了。"

思思高兴地点点头。

"思思！你又睡觉！"老师拍醒了思思，"你来回答，两个平动洛伦兹变换复合，得到的还是平动变换吗？"

思思自信地回答："如果两个洛伦兹变换对应的运动方向不平行，那么复合后会多出一个旋转项。这叫作托马斯进动。"

在同学们和老师震惊的目光中，思思又逃过了一劫。

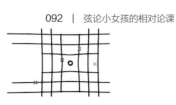

数学课

爱因斯坦求和约定

还记得矩阵的乘法吗？那是一种很好用的运算规则，但是写起来很麻烦，总是长长的一串，可偏偏这家伙又总是出现在物理学研究的各个角落里，就显得很麻烦。人们对于这种又麻烦又常用的东西，总是想发明新的符号来简单表示。

爱因斯坦求和约定，本质上就是表示矩阵乘法的利器。但它三言两语是讲不清楚的，所以我们单独开一节数学课来讲一讲。

求和符号

首先我们要介绍的是求和符号。废话不多说，直接用例子来学吧。看下面这个式子：

$$\sum_{i=1}^{10} i^3$$

这个式子里的巨大的希腊字母 $\sum$，就是求和符号。求和符号本身表示"求和"；它下面的 $i=1$ 表示"指标 i 的取值从 1 开始"，上面的 10 表示"到 10 结束"；求和符号右边的 i^3，就是要求和的式子。连起来，我们就可以把这个求和式子**翻译**成"计算所有 i^3 的值并求和，其中 i 的取值是从 1 到 10 的整数"，也就是：

$$1^3 + 2^3 + 3^3 + 4^3 + 5^3 + 6^3 + 7^3 + 8^3 + 9^3 + 10^3$$

求和符号上面和下面的范围限定不是必需的，它们只是用来指明对哪些指标求和以及求和范围是什么。你也可以简单写一个 $\sum i^3$，表示"对所有 i^3 求和"，至于这个"所有"的范围是什么，这个式子就没说了。

有时候我们的指标不是整数，那这个时候就可以用集合来描述。比如说，$A_x + A_y + A_z$，就可以写成：

$$\sum_{i \in \{x,y,z\}} A_i$$

这种记法和一开始介绍的记法是等价的。看下面这个式子：

$$\sum_{i=1}^{\infty} i^3 = \sum_{i \in \mathbb{Z}^+} i^3$$

$\mathbb{Z}^+$ 是全体正整数的集合，因此上式两端表示的都是对 i^3 求和，求和范围是 i 为正整数。

求和也可以有多个指标。这里直接写一个例子，相信有了前面

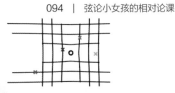

的理解，你能从例子中看出多指标是怎么使用的：

$$[(0+0)+(1+0)+(2+0)]+[(0+1)+(1+1)+(2+1)]+[(0+2)+(1+2)+(2+2)]$$
$$=\sum_{i,j=0}^{2}(i+j)$$

题外话：求和符号 $\sum$ 换成求积符号 $\prod$ 以后，就是表示连乘。比如

$$\prod_{i\in\mathbb{Z}^+}(1+\frac{1}{i})$$

表示的就是

$$(1+1)\times(1+\frac{1}{2})\times(1+\frac{1}{3})\times\cdots$$

指标表示法

表示矩阵的时候，我们可以把整个矩阵写下来，但那样又麻烦又占地方。所以有时候我们也会指定一个字母来表示一个矩阵，比如"你看这个 **L** 就表示那个洛伦兹矩阵，具体长什么样不重要了啦"。

现在我们介绍一种指标表示法。看下面这个矩阵：

$$\begin{pmatrix} a_1^1 & a_2^1 & a_3^1 & \cdots & a_n^1 \\ a_1^2 & a_2^2 & a_3^2 & \cdots & a_n^2 \\ a_1^3 & a_2^3 & a_3^3 & \cdots & a_n^3 \\ \vdots & \vdots & \vdots & & \vdots \\ a_1^n & a_2^n & a_3^n & \cdots & a_n^n \end{pmatrix}$$

我们直接把这个矩阵表示为 $\{a_j^i\}$，意思是"a_j^i 构成的集合"，其中 a_j^i 是矩阵第 i 行 j 列的元素。当然，这里省略了 i,j 的范围。更进一步，

我们甚至可以直接用a_j^i来指代这个矩阵本身，把它理解为"形如a的元素排成的一个矩阵"。

如果现在有两个矩阵a_j^i和b_j^i，那么它们相乘（a_j^i在左）的结果是什么？

要回答这个问题，我们首先要注意到，a_j^i既指矩阵本身，也指矩阵第i行j列的元素。所以我们解答问题的思路应该是：假如乘积结果是c_s^r，那么该结果第r行s列的元素是什么？

根据矩阵乘法的定义，c_s^r第r行s列的元素是a_j^i的第r行和b_j^i的第s列对应相乘后相加的结果，即：

$$a_1^r b_s^1 + a_2^r b_s^2 + a_3^r b_s^3 + \cdots + a_n^r b_s^n$$

用求和符号来写就是：

$$\sum_{k=1}^{n} a_k^r b_s^h$$

如果你懒得声明指标k的范围，写成$\sum a_k^r b_s^k$也行。像这样表示以后，我们就可以交换两个矩阵（元素）的位置了：$\sum a_k^r b_s^k = \sum b_s^k a_k^r$，因为矩阵乘法的不可交换性已经体现在两个矩阵的指标上了。

更严格地说，指标表示法可以理解为用二维矩阵来表示元素的组合。a^i可以理解为一堆a排成的列矩阵，a_i可以理解为一堆a排成的行矩阵，a^{ij}则可以理解为一堆a_i排成的列矩阵，也就是"列矩阵作为元素又排成一个列矩阵"。不过这是延伸内容，了解一下就可以了。

求和约定

爱因斯坦求和约定就是终极偷懒的办法，直接把求和符号也给

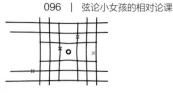

省略了。观察 $\sum a_k^r b_s^k$ 你会发现，要求和的指标 k 总是在一上一下各出现一次。所以我们干脆默认，"某个指标一上一下各出现一次，就对这个指标求和"，从而省略掉求和符号。

进行求和的指标被称为**"赝指标"**或者**"伪指标"**，因为它的功能是表示求和，并不会出现在最后的结果里。比如矩阵的乘法就可以表示为 $a_k^r b_s^k = c_s^r$，式子右边就没有出现 k。而没有求和的指标就被称为**"真指标"**。

有了爱因斯坦求和约定，凡是跟矩阵乘法有关的东西都变得十分简单——比如度规。

在数学课"坐标系和度规"中我们提到，以二维空间为例，度规总可以表示为 $ds^2 = adx^2 + bdy^2 + cdxdy$ 的形式。二维的还好，三维的就要把 dx^2、$dxdy$、$dxdz$、dy^2、$dydz$ 以及 dz^2 的项都写出来，一长串，让人眼花缭乱。在实际研究工作中，仅狭义相对论的时空就有四个维度，现代时空理论更是可能出现十个、十一个乃至二十六个维度，真要这么写度规可要愁死人了。

那怎么办呢？改一种标准化的描述方式，然后利用爱因斯坦求和约定！

首先我们统一用 dx^i 来表示第 i 个坐标的微小变化。这里的 i 不是指次方，而是上标。这么一来，我们就不能用次方了，否则会和上标混淆。要表示 dx^3 的平方，就只能写成 $dx^3 dx^3$。

然后，用一个**度规矩阵** $g_{\mu\nu}$ 来表示各系数。比如，如果取 $g_{11} = a$，$g_{22} = b$，$g_{12} = g_{21} = \dfrac{c}{2}$，那么前面例子中的度规就可以写成：

$$ds^2 = a(dx)^2 + b(dy)^2 + cdxdy$$
$$= adx^1dx^1 + bdx^2dx^2 + cdx^1dx^2$$
$$= adx^1dx^1 + bdx^2dx^2 + \frac{c}{2}dx^1dx^2 + \frac{c}{2}dx^2dx^1$$
$$= g_{11}dx^1dx^1 + g_{22}dx^2dx^2 + g_{12}dx^1dx^2 + g_{21}dx^2dx^1$$
$$= \sum_{i,j=1}^{3} g_{ij}dx^idx^j$$
$$= g_{ij}dx^idx^j$$

别看中间步骤那么多,那只是因为怕跳步造成理解断层。建议你耐心点一步步看下来,理解每一步都是怎么从上一步得到的。

这样一来,我们就可以把度规描述成$g_{ij}dx^idx^j$,维度多了也不会变得更复杂,顶多是指标的取值范围更大而已。有了这种表示法,只需要计算**各点**的g^{ik},就可以知道度规是什么样的了。

有的时候在计算中还会出现g^{ij}这种上标形式的**度规矩阵**,它的定义是:$g^{ik}g_{jk} = \delta_j^i$。其中,$\delta_j^i = 1$当且仅当$i = j$,$\delta_j^i = 0$当且仅当$i \neq j$。

习惯上,拉丁字母作指标时,比如g_{ij},指标的取值范围就是空间坐标,即正整数;希腊字母作指标时,比如$g_{\mu\nu}$,指标的取值范围就要加上一个时间坐标,即0。

第 8 课
庞加莱半平面

　　狭义相对论考试前一天，老师没有留太多作业，思思早早地休息了。平时有弦论世界的帮助，思思觉得自己对相对论的掌握没什么问题，睡得很踏实。

　　一入梦，思思就看到光束骑士在等着她。

　　"走，我今天带你去一个神奇的地方。"光束骑士说。

　　两人来到了一片巨大的平面，但是它只有上半部分。光束骑士介绍说："这里是庞加莱半平面，你可以看成是二维平面中纵坐标为正数的那部分。但是和二维的欧几里得空间不同，庞加莱半平面有自己的度规。我先考考你，欧几里得度规可以表达成什么样子？"

　　思思答："如果这里是直角坐标系的话，那就可以表达成 $\mathrm{d}s^2 = \mathrm{d}x^2 + \mathrm{d}y^2$。"

"很棒！"光束骑士夸奖道，"庞加莱半平面的度规稍有不同，表达为$\mathrm{d}s^2 = \dfrac{\mathrm{d}x^2 + \mathrm{d}y^2}{y^2}$。"

"嗯嗯。"思思点着头，但并不太明白这意味着什么。

光束骑士递给思思一份地图，自己也拿出了一份。他指着地图告诉思思："你看，我们现在在这里，坐标为$(0, y_0)$；地图上标注了另一个点，(x_0, y_0)。"他说着挥了挥手，两辆风火轮跑车出现在两人面前，"这是两辆出租车，我们一人上一辆。"又掏出一根蓝色铅笔递给思思，"在地图上画一条线，指给司机看，他就会按照你画的路径把你载到(x_0, y_0)点。两辆车一起出发，看谁先到！"

思思说："听起来好像狭义相对论课里的比赛！两辆车一起出发的话，速度就没有差别了吧？"

光束骑士摇摇头："不会有差别了。"

思思点点头，和光束骑士分别坐上了两辆出租车。

"你好，欢迎来到庞加莱半平面。请问我该怎么走呢？"司机替思思拉开了车门。

思思想在地图上画一条完美的直线，但苦于没有尺子。她心想，看来比赛的重点是谁能画得最直。她眼珠一转，想到了一个好办法：先用铅笔作直尺，用指甲划出从起点到终点的直线痕迹，然后再用铅笔沿着痕迹画出笔直的蓝色轨迹，如图 8-1 所示。

"嘿嘿，这才叫真正的'笔'直。"思思得意地想，觉得这次肯定赢定了。她把地图交给司机。

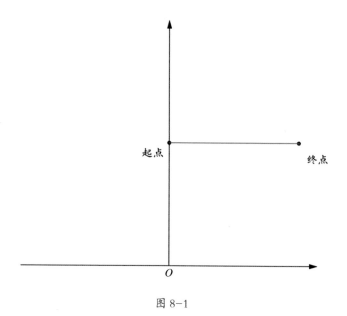

起点

终点

O

图 8-1

思思画的路径。

司机看了看地图："我明白了。"

到了景点，思思得意地下车，却发现光束骑士早就在那里微笑着等着她了。

"不对劲啊，你坐的出租车速度快些吗？"思思感觉很疑惑。

"怎么会呢？我不是说了嘛，两辆车不会有速度差别的。"光束骑士有些委屈。

"那，你是不是偷偷藏了尺子？"

光束骑士一脸疑惑："尺子？出租车上都有啊，就在你面前的储物箱里，尺规作图的工具都在那里了，干嘛说我偷偷藏呢？"

思思泄气了，直怨自己想太多，聪明反被聪明误。不过，就算没有尺子，她画出来的线也很接近直线了，按理说不会比光束骑士慢那么多呀。她朝光束骑士伸出手："让我看看你画的路径吧，难道比我的直很多吗？"

光束骑士扬了扬眉毛，一脸"原来如此"的表情。他掏出自己的地图递给思思："你看，我走的是这条黄色的路线。"

思思拿到地图后惊呆了，光束骑士画的竟然是一条曲线！如图 8-2 所示。

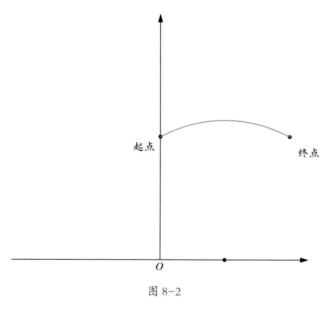

图 8-2

光束骑士画的曲线。

"喏，这就是两点之间最短的路径。"光束骑士说。

"可是黄色的路线绕了个弯，为什么还比我的直线短呢？"思思不理解了。

"如果这个平面的度规是欧几里得度规 $\mathrm{d}s^2 = \mathrm{d}x^2 + \mathrm{d}y^2$，那

你画的确实是最短的路径。但是别忘了，庞加莱半平面的度规是 $\mathrm{d}s^2 = \dfrac{\mathrm{d}x^2 + \mathrm{d}y^2}{y^2}$。你不是刚学过度规和测地线方程嘛，现在度规告诉你了，可以试着算算庞加莱半平面上的测地线哦！"

思思点点头，把地图翻过来当草稿纸演算起来。她算得不太熟练，有时候会因为觉得自己太慢而不好意思地抬头看看光束骑士，但光束骑士只是微微点点头，用眼神鼓励她。

思思算出了结果："测地线在地图上看来，是竖直的直线或者圆心在 x 轴上的圆弧！"

光束骑士微笑着点点头，"完全正确！顺便拓展一点，竖直的直线也可以看成圆心在 x 轴上的圆弧嘛，只是圆心在无穷远处。"

"嗯嗯。"思思应付着，注意力在别的地方，"真是奇怪，测地线不应该是两点之间最短的路径吗，为什么不是直线呢？"

光束骑士指着地图说："这个黄色的线虽然在地图上看起来是绕了个弯，实际上这是庞加莱半平面上更短的路程。注意观察度规的表达，y 更大的时候，$\mathrm{d}s^2$ 会更小，所以往上绕一点点反而走得路程更短。不过绕得太多反而路程更长了，所以不会是无限制地向上绕，但具体绕多少才是最短的路程，就要通过测地线方程来决定了，也就是你刚才算出来的结果。"

"原来是这样！"思思很高兴，能有这样直观的体会，可比光会算测地线方程要更开窍了。

光束骑士接着介绍道："惯性定律可以描述为，在不受力的情况下，物体总是沿着测地线运动。在牛顿力学使用的欧几里得时空和狭义相对论使用的闵可夫斯基时空中，测地线都是你所熟悉的直线的样子。但是今天你也看到了，像在庞加莱半平面这样的空间里，

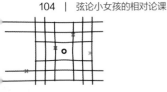

测地线竟然看起来像是弯曲的。"

思思的好奇心被勾起来了: "如果一个时空里测地线看起来都是这样弯弯的, 那顺着惯性运动的物体岂不是在走'弯路'了?"

光束骑士卖起了关子: "你很快就会学到相关概念了, 现在, 先好好准备考试吧!"

思思还想说什么, 却被姐姐拍醒了: "醒醒, 醒醒! 闹钟都叫不醒你, 小心错过考试!"

思思坐直身子, 伸了个懒腰, 把刚才和光束骑士的比赛抛到脑后, 准备迎接今天的考试了。

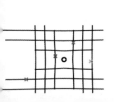

狭义相对论考试

今天的物理课进行狭义相对论考试，题目如下。

1. 一个质量为m的粒子以速度$v = 0.5$运动。在牛顿力学和狭义相对论框架内分别计算该粒子的动能，并比较答案。

2. 小明和小红分别驾驶一艘飞船离开地球。以地球为参考系，小明的速度恒为$\dfrac{\sqrt{3}}{3}$，小红的速度恒为$-\dfrac{\sqrt{3}}{3}$。求在小明的参考系中，小明的时钟每走一秒，小红的时钟走多少秒？

3. 小明和小红分别驾驶一艘飞船，以小明为参考系，小红的速度恒为$\arctan 15°$。在小明的参考系中，出发1s时，小明向小红发出一串**光**信号，小红在接收到信号后立刻返给小明一个信号，而小明在接到信号后也立刻返给小红一个信号，如是反复。求小明第 15 次**收到**信号时，离第 1 次**发出**信号过去的时间。

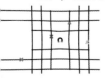

思思拿到题目以后就开始奋笔疾书。第 1 题的计算非常简单，她很快就给出了答案。第 2 题还好，她代入速度叠加公式，算出了小明和小红的相对速度，再直接利用钟慢效应的公式算出了答案。

可是第 3 题就让人非常头疼了，要计算小明每一次发出信号的时间，才能算出接下来小红收到信号的时间，从而算出小明下一次发出信号的时间。偏偏题问的是小明第 15 次收到信号的时间，要迭代好多次。思思写得手腕发疼，还是没能算完，只好留下复杂的计算过程就交卷了。

晚上，思思闷闷不乐地睡着了，在梦里找到了弦论小女孩。

"今天考试很不理想呀。"弦论小女孩对她说。

"我不服气。"思思鼓起腮帮子。

"怎么不服气啦？"

"我学得很好的，题目也都会算。但是老师给的计算量也太大了，要反复进行十多次相似的计算，我到最后时间都来不及了，没算完。这种重复计算有什么意义嘛，又不能说明我相对论学得不好。"

小女孩锤着自己的腿，笑得直不起腰。

思思叉起了腰："哼，你笑什么啦！"

小女孩努力止住笑，冲着思思摇摇头："唉，老师这样出题当然是有特殊的考虑啦！你没发现吗，第 3 题给你的数字很奇怪。"

思思点点头："嗯，$\arctan 15°$，可麻烦了，我看老师就是故意出一个难算的数字。还好我机智，直接设速度是 v，算出答案的代数表达式，再代入 $v = \arctan 15°$ 算出数值。只可惜计算量太大，最后还是没算出来。"

"$\arctan 15°$ 怎么会是故意为难你的数字呢？老师都用反三角函

数来表示了，说明要从几何关系考虑，简直就是在明示你用时空图来计算呀！"

思思猛地吸了一口气："时空图？我怎么把这给忘了！"

小女孩则叹了一口气："你看你，时空图都能忘了，平时学习的内容不扎实呀！"

"那是因为考试紧张嘛，就想不起来了。"

"这说明你还是没学会用时空图来思考狭义相对论，只把它当作某一课里一个好用的概念了。"小女孩蹲下来，在地上画起了时空图，"来，我们就以这次考试的第 3 题为例，再讲讲时空图吧。以后你可要记得，用时空图来理解狭义相对论，一切都会非常直观。"如图 8-3 所示。

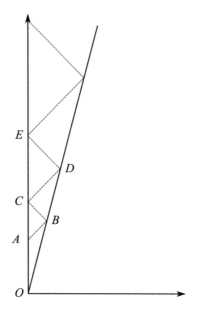

图 8-3

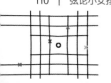

小女孩在时空图上标了几个点，开始给思思讲解："你看，这个直角坐标系是小明的参考系，B 点和 D 点所在的直线就是小红的轨迹。虚线与坐标轴的角度都是45°，代表光信号的轨迹。A 点代表的是小明第一次发出信号的事件[1]，B 点代表的是小红第一次收到信号并发出信号的事件，C 点代表的是小明第一次收到信号和第二次收到信号的事件，以此类推。好，现在我问你，线段 AC 在坐标轴上的长度代表什么？"

思思答："代表小明第一次和第二次发出信号之间的时间。"她想了想又补充道，"这里说的时间是在**小明的参考系**里测量的。"

"很好！这个时间你会算，对不对？"

思思点点头："嗯。"

"那么线段 CE 的长度怎么计算呢？"

"考试的时候我是先计算发出信号的时候小红距离小明多远了，然后计算光追上小红要多少时间，再由此计算小红此时的位置，再计算光返回小明那里需要多长时间。"思思说完这一长串，不由得深吸了一口气。

"光念一遍，你都快喘不上气了，计算起来有多累，我都不敢想象了。"小女孩说。

思思接着说："不过一看到你画的时空图，我就反应过来了，用几何办法明明就很快！三角形 ABC 和三角形 EDC 是相似三角形，而且都是等腰三角形，所以 $\dfrac{|CE|}{|AC|} = \dfrac{|CD|}{|CB|}$，只要算出这个比值就可

1　注意这里写的是"事件"。在相对论理论中，将一个事件定义为这个事件所在的时空点，因此事件和时空点是等价概念。

以由线段 AC 的长度立刻算出线段 CE 的长度了。根据老师给的数据 $\arctan 15°$，可知 $\angle AOB = 15°$，因此可以算出 $\angle DBC = 60°$，于是很容易得出 $\dfrac{|CE|}{|AC|} = \sqrt{3}$。以此类推，小明收到信号的时间间隔，每一段都是前一段的 $\sqrt{3}$ 倍，也就是一个等比数列，很容易用求和公式直接算出答案了！别说第 15 次，第 150 次也能立刻算出来！"

小女孩又拍起手来："思思很棒！你看，时空图是不是超级好用，直观又直指核心，省得你计算的时候还要考虑小红的位置等不重要的因素。而且，第 2 题也可以用时空图快速算出来，题目中的 $\dfrac{\sqrt{3}}{3}$ 其实也是在提示你去计算夹角，因为 $\tan 30° = \dfrac{\sqrt{3}}{3}$ 嘛。"

思思突然一拍脑袋："哎呀，我想起来了，考试的时候旁边的几个同学都在拿尺子比划，我还疑惑了一阵呢。可是算起题目来，就被复杂的计算吓住了，完全忘了去思考为什么大家都在画图。"

小女孩说："你看，这说明大家平时都认真吃透了老师讲过的概念和方法，你要向他们学习哦。"

思思点点头。她觉得，自己也不是不懂时空图，只是考试的时候一下子慌了，就给忘了。看来心态是自己的短板，下次考试的时候一定要注意调整好心态了。

第9课
物质告诉时空如何弯曲

狭义相对论考试的成绩出来了，没想到好几个同学都拿了高分。思思偷偷看了他们的卷子，发现高分的同学都很熟练地使用了时空图来解决问题。

今天上课，老师开始讲广义相对论。思思看到黑板上写的度规，跟数学课上讲的度规不太一样，是 $g_{\mu\nu}(x)$，而数学课上讲的是 $g_{\mu\nu}$。

她不禁开始狐疑起来："怎么多了一个(x)？我应该相信物理老师还是数学老师呢？还是先听课吧，等下课了去问问弦论小女孩。"

这节课上，老师说了一句耐人寻味的话："物质告诉时空如何弯曲，时空告诉物质如何运动。"

思思越听越迷糊，心想："我怎么没觉得周围的时空弯了？而且，我每天从家里到学校，从学校到家里，难道还是我周围的时空告诉我怎么走的不成？"

她强打精神，想把这句话先背下来，回家再在纸上默写几遍。可不知为什么，她眼皮子又开始打架了。

弦论小女孩又出现了，一见到思思就又起了腰："你怎么上课不专心，又睡着了？"

思思说："我也不知道为什么，昨天明明睡了 9 个小时，可是一上课就忍不住睡着了。"

小女孩说："看来这是没听懂课时召唤我的仪式呀。没关系，我来帮你。"

思思说："嘿嘿，谢谢你啊。我不明白，数学课上我学到了度规的表示方法是：

$$\mathrm{d}s^2 = \boldsymbol{g}_{\mu\nu}\mathrm{d}x^\mu\mathrm{d}x^\nu$$

可是刚才物理课上，老师写的是：

$$\mathrm{d}s^2 = \boldsymbol{g}_{\mu\nu}(\boldsymbol{x})\mathrm{d}x^\mu\mathrm{d}x^\nu$$

多了一个 $(\boldsymbol{x})$。"

小女孩说："还记得吗，度规表达式的系数 $\boldsymbol{g}_{\mu\nu}$ 在不同的地方有可能是不同的，所以 $\boldsymbol{g}_{\mu\nu}(\boldsymbol{x})$ 表示的是在 x 这个地方的系数。教数学的老师偷懒，就没写这个 (x) 咯。"

"是这样呀。"思思点点头。这时，她的肚子咕噜噜地叫了一声。

弦论小女孩咯咯笑了两声："饿了吧，我们先去买点零食吧。"

思思跟着弦论小女孩去超市买了东西。思思买了一块巧克力，小女孩买了一个甜甜圈（如图 9-1 所示）。思思觉得手上的东西太沉了，根本拿不动嘛。可是眼前的这个弦论小女孩仿佛有雷神的力气，还能拿着甜甜圈扔出去又飞回来。

图 9-1

小女孩说："你看看周围的事物有没有什么变化？"

思思吃着吃着，突然意识到，自从她进了超市，好像周围的事物真的变得扭曲，而且吃得越多扭曲得越厉害。她拿起一根长长的双色辣条，揪住它的一头让它自然下垂，辣条看起来是弯的；但是捻一捻辣条让它转一圈，它弓起的部分始终朝向自己，而不是随着手的动作旋转，如图9-2所示。看来不是因为辣条本身是弯的，而是时空弯曲了！真的跟自己的老师说的一样！

思思说："咦，我真的感到周围的空间有点弯曲耶。"

小女孩说："对啊！这就是你老师说的'物质告诉时空如何弯曲'。我们周围的时空会因为我们的质量而弯曲，质量越大弯曲得就越厉害。"

思思说："为什么我以前没感觉到，真的好神奇耶。"

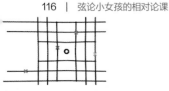

图 9-2

小女孩说："你上次来的时候肚子饿瘪了，身体太轻了，所以弯曲得不明显呀。只有吃点东西，变重了，你才能感觉到周围的时空弯了。"

思思问："那我在弦论世界外头也吃东西了呀，为什么没有感受到时空弯曲？"

小女孩说："那时候你太大了，你造成的时空弯曲又很细微，吃到肚子圆圆了也看不出来。进我们这个世界就不一样啦，你变小了，稍微吃点东西就能感受到弯曲啦。"

思思说："原来是这样。"

弦论小女孩说："你观察周围时空的时候，其实相当于在自己的脑子里建立了一个直角坐标系来理解各种东西的形状和位置。结果呢，由于时空弯曲了，你脑子里的直角坐标系就不是真正的直角坐标系了，于是本来是直的东西看起来就有可能是弯的，你就是这样感知到时空弯曲的呀。"

思思感到很丧气："看来我还是不够聪明，脑子里连真正的直角坐标系都找不到。"

小女孩哈哈大笑："不是你的错啦，是因为时空本身就是弯曲的，真正的直角坐标系本来就不存在呀！如果我们用真正的直线画出网格，那么当你越来越重时，这些直线看起来就好像越来越朝你弯曲，而且随着时间流逝，它们看起来好像还在被你吸进身体里呢。"

思思有些疑惑，她还想问点什么，但梦境突然就结束了。

"思思！你怎么又睡着了，不专心学咒语！"思思被老师一声暴喝拉回了现实，"你来回答这个问题——时空的弯曲是什么决定的？"

思思刚准备回答："时空的弯曲是由我吃了多少东西决定的。"但她很快定了定神，心想这样说肯定要被嘲笑，于是改口道："时空的弯曲是物质决定的"。

在老师和同学惊异的目光中，思思逃过了第九劫。

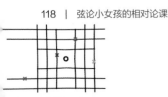

第 10 课
时空告诉物质如何运动

今天上课，老师继续讲时空和物质的关系："时空告诉物质如何运动。现在请大家想象一张拉平了的床单，再放一个大铅球在上面，把床单压弯。如果我们在床单上静止放一个小乒乓球，它就会向大铅球运动，好像受到吸引一样；如果小乒乓球还有切向的初速度，它还可能绕着大铅球公转。这就是时空告诉物质如何运动。"

思思又有些迷惑："不对头啊，这个乒乓球怎么运动，我在牛顿力学课里就学过啊，怎么要涉及广义相对论？"她想顺便问一下旁边的同学。

这个同学是个跳级生，没学过牛顿力学。分班考试的时候连牛顿的万有引力表达式 $F = GMm/r^2$ 都看不懂，还因此扣了几分。但因为牛顿力学占的比重比较小，他还是侥幸过关了。没想到，这家伙学相对论的时候竟然如鱼得水。

思思问他："严严，老师说时空告诉物质如何运动是怎么回事？这个乒乓球，难道不是因为受到的引力有一部分分解成指向大铅球的力，所以才会向大铅球运动吗？这明明是力在告诉物质如何运动，和时空有什么关系？"

严严说："引力又不是力，哪儿来的分解成指向大铅球的力啊？"

思思更迷惑了："我之前对'白马是不是马'都纠结了好几天，现在又有人告诉我引力不是力？"

于是又转头问旁边的另一个同学："惠惠，要不你给我讲讲。"

惠惠说："老师是说，引力是几何。"

思思还是不明白，又问后排的赫敏："你成绩最好了，一定能给我讲清楚吧。"

赫敏是这学期刚转进来的外国学生，是跟着来中国做生意的父母一起来的。不到半年，她的汉语就说得跟中国人没什么区别了，不过大家还是觉得她有时候说话怪怪的。有一次大家在河边一起走，看见一条狗叼着骨头，赫敏就指着狗狗说："喂喂喂，你们看呐，狗狗在啃河上的骨头。"大家哄堂大笑，纷纷纠正她说："你应该说，狗狗在河边啃骨头。"赫敏只是微微一笑，并不纠正自己原先说的那句话。但奇怪的是，这样一个平时说话都感觉不太通顺的同学，语文还总考第一名。

令思思吃惊的是，平时几乎从来不跟她说英语的赫敏突然冒出来一句英语："Gravity may not be understood as a force. It may be understood as geometry.（引力不应该理解为一种作用力，而应该是一种几何效应。）"

怎么问了这么多人，各有各的说法呢？思思很着急，引力到底是力还是几何？是几何的话又是怎么影响小球运动的呢？她纠结不清楚，只感到脑袋越来越昏沉，不禁又睡着了。

弦论小女孩又出现了。

小女孩说："你怎么上课不专心，又睡着了？"

思思说："老师和同学讲的概念让我一头雾水，看来只有你能帮我了，可谁叫你只在我睡着的时候才出现呢？"

小女孩说："哼，你醒着的时候，我安排了你的老师给你讲课啊。可是你又睡着了，所以我只好来你梦里督促你学习啦。这样才能保证你一天 24 小时都在学习嘛。"

思思说："你不知道啊，我快晕死了。引力到底是不是一种力啊？老师和同学又说它不是力，但我一直没听懂他们说的'引力是几何'是什么意思。"

小女孩说："我们先去玩滑梯。"

思思不情愿，怕睡着久了又被老师批评。但没办法，拗不过贪玩的弦论小女孩，就跟着她一起去了。

弦论小女孩递给她一副眼镜，自己也戴了一副。她们来到游乐场的滑梯区，可这里只有一个孤零零的小球。思思左顾右盼："哪里有滑梯呀？"

小女孩说："要戴上眼镜才看得到呢。"

思思戴上眼镜，眼前一下子出现了很多很多的线。它们看起来是一些网格线，但都不直，而是向着那个小球弯曲，并且还在不停地向小球运动，像是被小球吸进去了一样。越靠近小球，线的弯曲程度就越高。

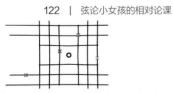

弦论小女孩对她说："这些网格线就是我们的滑梯，也就是光束骑士之前给你讲过的'**测地线**'，但是我更喜欢直接叫它们'直线'。你看到这些线是不是有种弯曲了的感觉？这是因为你们人类习惯于根据线上各点到观察者自己的距离，判断线的形状，所以认为这些线是弯曲的。"

思思觉得最后一句话很绕口："就是说，如果有个点沿着线运动，那么它到我的距离是在变化的，我们可以根据这个变化规律来判断它是不是直线吗？"

"没错，很聪明嘛！如果你沿着地球上的赤道运动，弦论世界的我们会觉得你的轨迹符合'两点之间直线最短'的规则，从而认为你走的是直线；但人类会根据'思思到北极点的距离总是固定值'，认为你走的是个圆，就不是直线了。"

思思舒了一口气："原来是这样。所以说，这些真正的直线在我看来是弯曲的，说明是我处在一个弯曲的时空里了吗？"

"没错！而且这些网格线还应该是处在惯性系中的，你却看到它们都在加速向引力源运动，这又体现了时间是被弯曲了的！"

思思的迷惑终于解开了，迫不及待地想要试试这些滑梯。

弦论小女孩带着她站在网格滑梯上，随着时间的流逝，网格逐渐被中间的小球吸收，在网格中"静止"的两人也跟着向小球运动了。她们又互相推了一把，彼此在网格中有了速度，做起了"匀速直线运动"，但是由于网格本身不断向小球运动，她们的运动轨迹也变成了椭圆，各自绕了小球半圈后在另一头相撞了。弦论小女孩紧紧拉住思思，不让她飞出去。思思感觉她小小的手很有力，很踏实。

"我们刚才无论是静止还是做匀速直线运动，在扭曲的时空中都表现得好像受到了小球的吸引，这就是时空告诉物质如何运动。你的老师在牛顿力学课上也没说错，引力可以认为是一种**平直时空中的力**，时空没有扭曲，而我们受到了小球引力的作用进行加速运动，$F = GMm/r^2$ 是这种情况下的一种近似描述。你那个同学没学过牛顿力学，所以不知道你问的什么意思。但他也是对的，因为他直接就学习了更精确的描述——**不存在引力的作用，但时空是弯曲的**，这也就是惠惠和赫敏所说的'引力是几何'。"小女孩说。

　　"不过，"她竖起一根食指，"你的老师一开始使用的模型是不太正确的。床单被压弯和乒乓球绕着铅球运动，都是因为地球引力在向下拉着它们呀，这不就是在用引力解释引力嘛。而且这时的乒乓球轨迹也不是压弯了的床单上的直线，呃，测地线。再说了，物质是在时空中的，而铅球和乒乓球是在床单之外的，这个比喻就不合适嘛。"

　　思思恍然大悟，觉得还是弦论小女孩说的令人开窍。

　　小女孩带她来到距离小球很远的地方，获得一点初速度，然后做着网格线中的匀速直线运动，但看上去像受小球吸引的运动。越靠近小球，两人相对小球的速度就越快，搞得思思心惊肉跳，非常害怕自己最后一头撞在球上。这可比过山车刺激多了，坐过山车的时候纯粹就是速度快，连大回旋都没有，更别提朝自己高速飞来的物体了。

　　但弦论小女孩在旁边哈哈大笑，甚至还挣脱了思思的手。思思失去依靠，一下子陷入惊慌，在一声尖叫后醒了过来。

"思思！你又睡觉就算了，还大喊大叫的，打扰其他同学！"思思刚醒来就被老师一通训斥，"你来回答这个问题：物质的运动是由什么决定的？"

思思刚准备回答："物质的运动是由滑梯决定的"，但马上又定了定神，心想，这样说肯定要被嘲笑。她记得小女孩好像说过物体的运动是沿着什么什么线，可是由于退出梦境时心惊肉跳，思思忘记了"测地线"这个名词。

她只好小心翼翼地试探道："物质的运动是由时空的弯曲决定的。"

在老师无奈的目光中，思思逃过了第十劫。

附注

这一课非常重要，有两个关键点。

首先，许多材料里提到的床单模型是错误的。"引力是时空弯曲的表现"指的是类似"篮球上的直线"的概念，即如果你沿着篮球赤道运动，那么你所走的虽然是篮球面上的"直线"，但看起来也像是绕着北极点做圆周运动。床单模型中乒乓球的运动看起来弯曲了，是因为受到了垂直向下的引力作用，那条路径实际上并不是床单上的直线。再详细一点，床单模型常有两种情况，一种是不可形变的床单被压得凹陷了，在这一情况下由于床单并不可形变，它依然是欧几里得空间，所以此时床单上的直线依然是我们熟知的直线，绕着铅球转的乒乓球走的并不是直线；另一种是床单像橡皮膜一样可以形变，此时床单可能已经不是欧几里得空间了，但乒乓球走的仍旧不是直线，这是因为乒乓球受引力作用，而引力作用有沿着床单面的分量，所以即使从床单的二维视角来看乒乓球也是受力运动的，走的就不是直线。

其次，很多材料中绘制的网格线是正确的，但由于静态图像的限制，没能体现出正确理解网格扭曲的关键点：网格线不是静止的，而是不停地向着引力源运动。这样就能看到时间轴也是弯曲的。这就是对"时间弯曲"的一种直观解释。

图 10-1 从左到右，空间中网格线随着时间的流逝而演化。这模拟的是中心有一个点状引力源的情况。要注意，网格线并不都是时空中的测地线，这里表现的是第一张图中的类空测地线随时间演化的结果。

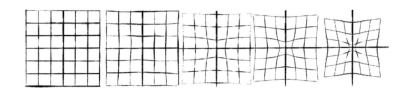

图 10-1

图 10-2 是平直时空和一个弯曲时空的对比。图 10-2 中上半部分表示的是平直时空中的空间网格线和某个局部参考系中的一根时间轴，可见时间轴是平直的；下半部分表示的是某个弯曲时空中空间网格线和某个局部参考系中的一根时间轴，可见这根时间轴看起来是弯曲的。

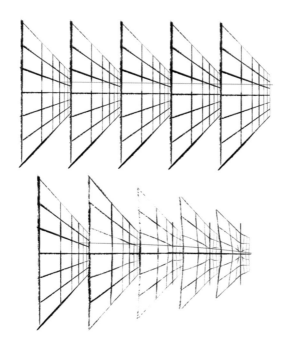

图 10-2

　　本书中留下了一个彩蛋：每一页的页码处都画着网格线的示意图，像翻页动画一样翻动书角，你会看到这些网格线随着时间的流逝不断地被"吸入"页码。顺着页码增大的方向翻动，观察奇数页的动画，你会看到行星公转的现象，即小叉叉在网格线中是作匀速直线运动的，但看起来是绕着中心点旋转。这是我们为了在静态的书本中呈现动态概念所做的尝试。

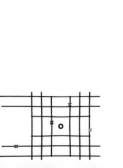

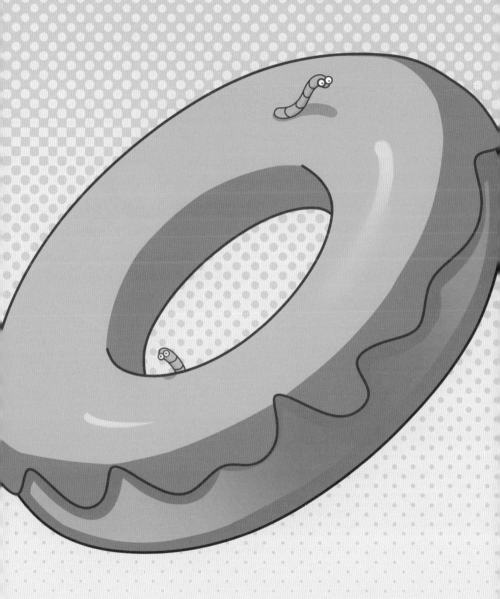

第 11 课
爱因斯坦场方程与曲率

今天的课上，老师讨论了著名的**爱因斯坦场方程**。

"爱因斯坦场方程就是用严谨的数学语言描述了物质是怎么告诉时空如何弯曲的。由于牛顿引力论正确地描述了大量天体运动的规律，所以场方程的描述方法一定要能导出牛顿引力。把这一理念应用到"引力是几何效应"的假设上，我们就能半猜测半推导出广义相对论中的引力场方程：

$$R_{\mu\nu} - \frac{1}{2} g_{\mu\nu} R = 8\pi G T_{\mu\nu}$$

方程的左边的 $R_{\mu\nu}$ 和 R 描述了空间的曲率，而 $R = R_{\mu\nu} g^{\mu\nu}$。方程右边和 T 有关的内容描述了物质。G 是牛顿常数。R 可以通过度规 $g_{\mu\nu}$ 算出来。具体办法是用以下公式，先算 Christoffel 符号 Γ，再算曲率张量 R。"

$$R_{\mu\nu} = \partial_\sigma \Gamma^\sigma_{\nu\mu} - \partial_\nu \Gamma^\sigma_{\sigma\mu} + \Gamma^\rho_{\nu\mu} \Gamma^\sigma_{\sigma\rho} - \Gamma^\rho_{\sigma\mu} \Gamma^\sigma_{\nu\rho}$$

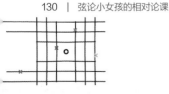

（说明：关于 ∂ 的含义，请参见附录 C "一点微分学"。）

$$\Gamma^{\sigma}_{\nu\mu} = \frac{1}{2}g^{\sigma\rho}(\partial_{\mu}g_{\nu\rho} + \partial_{\nu}g_{\mu\rho} - \partial_{\rho}g_{\mu\nu})$$

黑板上一下子现出三条咒语！每个字母旁边还有乱七八糟的指标！思思感到脑袋昏昏的，很快就睡着了。

弦论小女孩又出现了。

小女孩说："你怎么上课不专心，又睡着了？"

思思说："老师今天突然讲了三条咒语，上面全是密密麻麻的符号，我背不下来。"

小女孩说："你看你，又忘记吃饭就来找我啦。我们先去买零食吃。"

到了超市，思思拿了一块球形巧克力和炸通心粉，小女孩拿了海苔和薯片，如图 11-1 所示。

图 11-1

离开超市后，小女孩把两人买的零食都拿出来，说："你看，老师给你的方程左边，描述的是时空的性质，那可太复杂啦。但是呢，我们没必要知道那么多嘛，只需要感受一下重要的性质就可以了，比如说曲率。我看到薯片，就有一种它是负曲率的感觉；看到海苔，就有一种它是零曲率的感觉；看到球形巧克力，就有一种它是正曲率的感觉。"

思思说："我怎么没有这样的感觉？"

小女孩说："我教你一个小绝招。用甜甜圈的表面做例子吧，你在某个地方画一个小小的十字，这个十字看起来当然是翘起来的，那你就观察两根线翘的方向是什么。如果**无论怎么画十字**，十字的一横那里往上翘，一竖那里往下翘，总之翘的方向**相反**，那我们就说**十字中心**这里的曲率是**负**的。如果**无论怎么画十字**，两根线翘的方向都相同，那儿就是正曲率。我们把甜甜圈表面负曲率的地方涂成黄色，正曲率的地方涂成蓝色，瞧，就成了如图 11-2 所示的样子。

图中标注了两只细菌和穿过它们所在位置的两条线段。比如左边的细菌就会告诉你他周围的线一根是往上翘的，一根是往下翘的。右边的细菌就会告诉你他周围的线都是往下翘的。

图 11-2

如果**有一个十字**，它的一个方向是平的，那儿就是零曲率。这个曲率嘛，就可以用 $R_{\mu\nu}$ 计算出来咯。这个曲率，是内曲率。就是说是我们薯片上头的二维细菌知道薯片是负曲率的。细菌也会告诉你巧克力是正曲率的，海苔和通心粉是零曲率的。"

思思问："那细菌是怎么知道内曲率的存在呢？我从薯片之外能看出十字往哪边翘，从而判断内曲率；但细菌生活在薯片上，感受不到垂直于薯片表面的方向，它们又不知道十字翘的方向咯。"

"很简单呀，你可以问问这个细菌，'你吃了多少东西啊，腰围有多大呀'，把它告诉你的答案记在小本本上面。如果一个细菌吃了好多东西，增大了体积，腰围却不怎么增长，那它就是生活在正曲率上的。你看球面上的细菌，它体积增大的时候腰围增长却比较慢，甚至当它的腰围等于球的赤道长时，再吃东西增大体积，反而导致腰围缩小了。吃一点点东西就有了大腰围的细菌，就是生活在负曲率上面的，比如薯片上。那个最健康的细菌，是生活在零曲率上的，它吃东西增长腰围的速度刚刚好，而且很稳定。"

思思说："原来是这样！可我还有个地方不明白。我看球形巧克力和薯片都是弯的，说明有曲率，没问题。海苔是直的，说明没有曲率，也没问题。可这个通心粉，按照腰围的办法来判断应该是零曲率的，可为什么怎么看都是弯弯的呢？"

小女孩说："那是因为你跑到通心粉外头啦。你看到通心粉像是弯弯的，那种曲率叫外曲率，也就是只有我们这些超越了通心粉二维面的人才能看出来，通心粉上的二维细菌是觉察不出来的。"

思思若有所悟："我们之前说过，时空是会弯曲的。但是我们无法超越自己所在的时空来观察它，是不是也只能感知到内曲率呢？"

小女孩拍了拍手，"Bingo！这就是你的老师教你的咒语，用 $R_{\mu\nu}$ 就可以计算出内曲率，甚至可以理解为，$R_{\mu\nu}$ 本身就表示曲率，只不过它不是一个数字了，而是一堆数字。你再仔细观察老师写给你的后面两个咒语，第二个咒语表示 $R_{\mu\nu}$ 可以用 $\Gamma^{\sigma}_{\mu\nu}$ 等计算出来，第三个咒语表示 $\Gamma^{\sigma}_{\mu\nu}$ 可以用度规 $g_{\mu\nu}$ 计算出来。"

"哦——"思思瞪大了眼睛，"所以说时空的曲率是可以用度规来计算的！"

可惜的是，思思没能等到弦论小女孩的夸奖。

"思思！你怎么又睡着了，不专心学咒语！"思思被老师从梦乡里拉回来了，"你来回答，时空的曲率是由什么决定的？"

思思下意识地想回答"时空的曲率是由小细菌的健康程度决定的"，但她定了定神，心想这样说肯定要被嘲笑，于是改口道："时空的曲率是度规决定的。"

在老师和同学惊异的目光中，思思逃过了第十一劫。

附注

记得我们之前讨论过的"床单模型"的错误吗？如果床单是不可拉伸和压缩的，那么无论怎么让它变形，它的本质都不会变，就和本节里的圆柱形通心粉一样。这种所谓的变形，只有站在三维空间中观察二维床单的"外部视角"才能看出来，床单上的生物是感受不到的。但是如果床单能拉伸和压缩，那就会被床单上的生物看出来，只要测量曲率之类的量就行。

数学课
曲率与度规

在第 11 课里，弦论小女孩指出，思思老师写的后两条咒语的意思是"曲率可以用度规计算出来"，我们尝试更详细地讨论一下。

我们只考虑最为直观的二维曲面的情况。此时，曲率可以理解为曲面弯曲的程度，表现为曲面是否能精确地展开成平面。圆柱面，即思思当时拿到的炸通心粉，是没有弯曲的，因为只要把它沿着母线剪开就可以摊平了。但是球面，比如篮球，剪下任何一块来都没法摊平；马鞍面，即薯片那样的负曲率面，同样没法摊平。

当我们身处超越这些二维曲面的三维空间中时，用弦论小女孩的"十字法"可以一眼看出二维面的曲率正负来，但这对于二维生物来说是不公平的。无法超脱曲面的二维生物是如何判断曲率的呢？那就是小女孩所指出的"体积与腰围"的关系。这个关系，我们也可以描述为"测量圆周率"。

圆周率不是计算出来的吗？确实如此，但 π 表示的只是平坦空间里的圆周率，弯曲空间里的圆周率可不一定是这个数字哦。我们来看一个简单的例子，如图 11-3 所示。

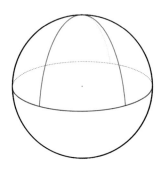

篮球上的圆示意图。红色线是赤道，它是一个圆，其半径为蓝色线。

图 11-3

考虑一个半径为 1 的篮球。篮球的"赤道"上各点到"北极点"的距离都是 π/2，而赤道本身的长度是 2π。也就是说，赤道是一个以北极点为圆心、半径为 π/2、周长为 2π 的圆。按照圆周率的定义，即周长与直径之比，可算得这个圆的圆周率为 2π/π = 2。看，这样算出来的圆周率小于 π，所以相比平坦空间里半径同样为 π/2 的圆，篮球面上的圆的周长更小。你可以验证一下，篮球面上的圆，半径越大，圆周率反而越小；当半径达到 π 时，以北极点为圆心的圆实际上只剩下了南极点这一个点，所以圆周率直接就变成 0 了。

在负曲率面上，比如在薯片上，圆周率则是大于 π 的。在海苔和通心粉的表面上，圆周率永远是 π。因此，我们可以计算不同曲面上圆周率的变化，然后再实际测量，将测量结果和计算结果匹配起来，也是一种粗略计算曲率的方法。

圆周率的不同也说明了为什么有曲率的二维面无法摊平：如果你尝试把半个篮球摊平，那么要么保持"赤道"的半径不变，此时"赤道"本身就要被拉长；要么"赤道"不拉长，但是半径就得压缩。无论如何，篮球面都必须扭曲以后才能摊平。而圆柱面就没有这样的烦恼。

无论半径还是周长，都是长度。因此，以上讨论说明内曲率是会影响长度的，反过来可以通过**度规**来推算曲率。用圆周率来判断是一种方法，它可以推广到我们的世界里，比如我们可以通过测量球面面积和半径的比值来判断我们时空的曲率；而思思老师给的公式是更好用的方法，只是要完全理解它需要一点微分几何的知识。

思考

除了计算圆周率，还有很多量化的方式可以用来研究曲面的曲率。篮球面上的三角形内角和是 180° 吗？薯片面上的三角形内角和又如何呢？

附注

二维曲面是所谓**流形**的一个例子。流形是微分几何中最基本的研究对象，可以理解为"处处都可以建立坐标系的几何体"。更专业一些，则可以说成"处处局部同胚于一个欧几里得空间的拓扑空间"。最准确的描述可以参考小时百科的"微分几何"部分。

以球面为例，我们没法用一个坐标系描述所有点——经纬度并不算坐标系，因为光一个北极点就对应无数个经度，不符合"坐标与点一一对应"的要求。不过，在球面上任取一个点，我们总能建立一个二维坐标系，使得这个点包含在该坐标系里。这种坐标系，就叫给定点处的局部坐标系。

现代时空理论基本上都认为时空是一个流形，只不过不同的理论可能使用不同的流形结构，从而在维度、曲率、挠率等性质上有所差异。最早的广义相对论就认为时空是一个四维流形，不久后出现了一个 Kaluza-Klein 理论，认为时空是一个五维流形，并用多出来的维度描述了电磁相互作用，解释了电荷为什么是量子化的。现在到了弦论中，还出现了十维、十一维乃至二十六维的理论模型。

微分几何中有一个非常美妙的结论，叫 Whitney 嵌入定理。它大体上是说，任何一个 n 维（实）流形，总可以看成一个 $2n$ 维欧几里得空间中的"曲面"。了解了这一点，你就大可放心大胆地把流形都理解为曲面。不过在实际研究工作中常常不会从 $2n$ 维空间中去研究一个 n 维曲面，而是像二维流形上的二维生物一样，限制在流形本身，通过研究曲率等内在的量来研究流形的结构。

第 12 课
能量动量张量

晚上，思思做完了作业，伸了个大大的懒腰，杵着腮帮继续看老师上课讲的爱因斯坦场方程：

$$R_{\mu\nu} - \frac{1}{2}Rg_{\mu\nu} = 8\pi GT_{\mu\nu}$$

她心想：我现在明白方程的左边是怎么回事了，也会用程序去计算老师留的作业了。可我还是不明白右边这个 $T_{\mu\nu}$ 是怎么回事。老师说这叫"能量动量张量"，好长的名字，搞不懂是什么意思。上次还没来得及问弦论小女孩，就被老师叫醒了，真遗憾。对了，姐姐好像在家，要不我去问问姐姐好了。

思思走进姐姐的房间，看到姐姐正坐在椅子上一动不动，不知道在干什么。思思问："姐姐，可以给我讲一下能量动量张量是什么吗？"

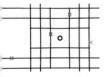

听到思思的话，姐姐眨了眨眼睛，一副大梦初醒的样子。她看了看思思，慢慢从桌子旁边拿起一个立方体玩具递给思思，说："姐姐现在在弦论世界做研究，你先玩玩具去吧。"

思思腮帮鼓鼓的，哼了一声，拿着玩具回到了自己的房间，百无聊赖地摆弄起来。这个玩具软软的，揉来揉去还会变形，本来是立方体的，搓一搓竟然也能变成圆柱形，感觉好像缝在布里的橡皮泥。思思一边玩着，一边想着能量动量张量到底是什么，眼皮越来越耷拉，不知什么时候就趴在桌上睡过去了。

弦论小女孩出现了。

思思赶紧抓住她的手："太好了，你终于来了，可不可以再教教我，这个方程里的 $T_{\mu\nu}$ 到底是什么呀？"

"这个呀，能量动量张量嘛，简称**能动张量**，其中**张量**是一种数学对象，给定坐标系的时候可以表示成矩阵，但不同坐标系里矩阵的形式一般不同。你已经知道了，物质告诉时空如何弯曲，这个能量动量张量就是描述物质分布的。你看老师给你写的公式，左边是描述时空弯曲的，右边就是这个能量动量张量，代表物质的分布，所以整个公式就是在描述物质是怎么让时空弯曲的。"

思思想挠挠头，这时才发现手里竟然还捏着姐姐给的玩具。"在牛顿引力论里，产生引力的是质量，我还以为相对论里造成时空弯曲的也是质量呢，结果怎么是一个没听过的东西，名字还那么长。"

"这话没错，但也不全对。"小女孩注意到她手里的玩具，"你也有这个玩具呀？我还打算送你一个呢。"

思思说："这是姐姐给我的，你也有一样的吗？"

小女孩说："我们这儿可多了，看来你的姐姐也来过弦论世界。"

她拉起思思的手，"走，我们去玩具屋。"

玩具屋里堆满了不同颜色的玩具，形状各异。小女孩拿起一个摆弄摆弄，把它搓成了葫芦形的样子，然后告诉思思："这些玩具，都是时空中的流体。"

"流体？"思思疑惑了，"我知道液体和气体都是流体，因为它们都是由可以自由流动的微粒组成的。这个玩具看起来是固态的嘛，怎么是流体呢？"

"我说了嘛，这是'时空中的'流体。"小女孩说着盘腿坐下来，把手上的玩具放到地上。思思也跟着坐了下来。小女孩继续解释道："因为你不能想象四维，所以我们又压缩了一个维度，让这些玩具表现三维时空中的流体。和地面平行的二维是空间，垂直地面向上的一维是时间。想想看，二维空间里的一个粒子，如果它是静止的，那么加上时间轴以后，这个粒子在三维时空里看起来像什么？"

"是一条竖直的线！"

"对啦！这个粒子匀速直线运动的话，在时空里看起来就像一条斜着的线。如果它做匀速圆周运动，那在时空里看起来又像一条螺旋向上的线。还记得吗，我们管这条线叫粒子的'**世界线**'。世界线的形状描述了粒子的运动状态，尽管在时空里看起来好像静止的。换个角度来说，没有任何粒子是静止的，哪怕它的世界线是竖直向上的，我们也可以认为它还**在时间中运动**。"

"哦——"思思点点头。

小女孩接着说："如果我们有好多好多粒子构成一个宏观物体，那每个粒子的世界线组合起来就构成了时空中的流体。我们手上的玩具就是这样的流体，它看起来是静态的三维物体，实际上是动态

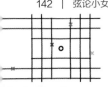

的二维物体，每个水平切面都是某一时刻流体粒子的分布。所以无论怎么揉搓它也不会变长或者变短啦，因为它的长度代表的是过去了多长时间。你看我手里的葫芦，中间细细的部分密度是很大的，也就是被压缩了的流体。时空中的所有物体都可以看成这样的流体。"

思思好像明白为什么姐姐要让自己去玩玩具了："就是这样的物质告诉时空如何弯曲的吧？它跟 $T_{\mu\nu}$ 有什么关系呢？"

小女孩说："你看我手上的玩具，想象它是无数根世界线组成的。如果在某个位置给它做一个水平切片，那么是不是就切断了好多世界线？这些世界线在切片的截面上可能朝向不同的方向，可能竖直，也可能斜向一边。我们就用T_{00}、T_{01}和T_{02}来描述世界线穿过截面的状态，其中T_{00}描述的是竖直分量，T_{01}和T_{02}分别表示 x 和 y 分量。当然，这是三维时空的情况，在我们生活的四维时空中就要加上T_{03}这一项。

除了沿着 t 轴的水平切片，我们也可以沿着 x、y 和 z 轴做切片，然后分别用$T_{1\nu}$、$T_{2\nu}$和$T_{3\nu}$表示世界线穿过三种截面的状态。"

思思有些晕了："表示这么多状态有什么用呢？"

小女孩耐心地解释道："你想象一个最简单的情况嘛，就是所有粒子都静止。这个时候只有水平切片会切断世界线，对不对？而从这个切片截面上穿过的世界线，只有竖直分量不为零。那么这个物体的能量动量张量就被表示为：

$$T_{\mu\nu} = \begin{pmatrix} \rho & 0 & 0 & 0 \\ 0 & 0 & 0 & 0 \\ 0 & 0 & 0 & 0 \\ 0 & 0 & 0 & 0 \end{pmatrix}$$

其中ρ就是粒子的质量密度。想想看，牛顿引力论是不是说，引力是由质量产生的？所以这里的能量动量张量就是产生引力的源头，也就是它告诉时空是如何弯曲的。

但是在**相对于这些粒子运动着**的观察者看来，这些粒子的世界线都是斜斜的。假设这个观察者觉得这些粒子的速度都是沿着 x 轴的 v_x，那么他看到的能量动量张量就是：

$$T'_{\mu\nu} = \frac{\rho}{\sqrt{1 - v_x^2}} \begin{pmatrix} 1 & 0 & 0 & 0 \\ 0 & v_x & 0 & 0 \\ 0 & 0 & 0 & 0 \\ 0 & 0 & 0 & 0 \end{pmatrix}$$

和前一个观察者看到的不一样了！可是他们是在观察同一个物体呀，只不过视角不同。如果我们简单地用质量密度来表示产生引力的源头，那么不同观察者看到的引力源就是不一样的，比如上面说的两个观察者，一个觉得引力源是 ρ，另一个却觉得应该是 $\rho/\sqrt{1 - v_x^2}$。其实呀，每个人看到的矩阵 $T_{\mu\nu}$ 中的每一个数字都只是能量动量张量在特定角度的**投影**，要了解它本身肯定不能只看其中一个投影，而是要考虑所有角度的投影。"

"哦！"思思恍然大悟，"就好像三视图一样，每个视角都只是实际物体的一个侧面，光看一个侧面是无法了解这个物体的全貌的，必须三个视角都考虑到。而且，如果换个视角来看，物体的三视图也会不一样。但无论如何，只要三个视角都考虑到，那不管从什么视角来看，我们都能了解它的全貌。"如图 12-1 所示。

"很棒哦！"小女孩朝思思比了个大拇指，"不过四维时空中的能量动量张量有 16 个分量，所以可以说是十六视图吧。牛顿考虑的质量，只是能量动量张量的其中一个视图，只不过在牛顿理论起作用的范围内，粒子的速度都远远小于光速，所以能量动量张量除了 $T_{00} = \rho$，其他分量都几乎为 0 了，可以忽略掉。但到了广义相对论的范畴里，我们就不能只考虑 ρ 了。"

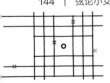

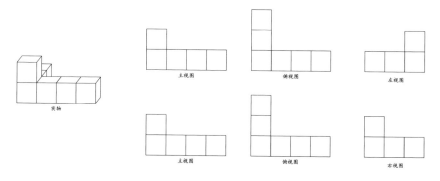

图 12-1

用三视图来比喻，能量动量张量就好比实物，而每个观察者所看到的能量动量张量矩阵就是一组三视图，矩阵的元素就是各个视图。不同的观察者看到的张量矩阵可能不一样，好比图中第一行的三视图是一个人看到的，第二行的三视图是另一个人看到的。尽管视角不同三视图就可能不同，但它们全都可以用来完整表示同一个实物。只考虑质量密度，就好比只拿一张主视图来看一样，根本没有足够的信息了解实物的全貌。

思思又问："那为什么要叫这么奇怪的名字呢？'能量动量张量'，又长，而且六个字里三个都是'量'字。"

小女孩说："我们觉得能量、动量和质量都是同一个东西嘛，是一个时空流形上的**张量**，但是你们人类就是看不出来，还给它们取了不同的名字。其实能量动量张量里的各个分量，都是穿过不同截面的能量和动量，其中能量又和质量是一回事，所以就叫它'能量动量'张量啦。"

"嗯！"思思高兴地点点头，这下她终于把爱因斯坦场方程的两边都搞明白了。

更幸运的是，今天不会有老师叫醒思思了。她和弦论小女孩一起，把玩具屋里的流体玩具都拿出来，拼成了一个巨大的雪人，一脸傲娇地叉腰站着。两人玩得乐不思蜀，直到很晚才分开。

"思思，思思！"姐姐摇醒了思思，"起来吃晚饭啦！你看你，是不是梦里饿了，口水都滴到桌子上啦！"

思思不好意思地擦干净嘴角，告诉姐姐："我明白能量动量张量是什么了！"

在姐姐惊异的目光中，思思摇摇晃晃地站起来，朝餐厅走去。

广义相对论考试

今天是广义相对论考试，题目如下。

1. 给定度规：

$$g_{\mu\nu} = \begin{pmatrix} 1 & 0 & 0 & 0 \\ 0 & -a(t)^2 & 0 & 0 \\ 0 & 0 & -a(t)^2 & 0 \\ 0 & 0 & 0 & -a(t)^2 \end{pmatrix}$$

其中 a 是时间 t 的函数，被称为尺度因子[1]。计算 Christoffel 符号的各个分量，以及 Ricci 曲率张量的各个分量。

1　现代宇宙学的基本假设之一是"大尺度上各向同性"，就是说从什么方向眺望宇宙远方，看到的现象应该没什么区别，比如温度、亮度、物质分布密度等。题目中给出的度规是满足该假设的一种情况，其中尺度因子是衡量宇宙大小用的，即当 a 随着时间流逝变大的时候，宇宙本身就在膨胀。

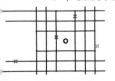

2. 继续上一题的讨论。如果现在已知理想流体的能量动量张量是：

$$T_{\mu\nu} = \begin{pmatrix} \rho & 0 & 0 & 0 \\ 0 & -p & 0 & 0 \\ 0 & 0 & -p & 0 \\ 0 & 0 & 0 & -p \end{pmatrix}$$

据此计算爱因斯坦场方程的各个分量的方程[1]。

思思拿到题目之后奋笔疾书，每个分量都吭哧吭哧地手算，算了好几页草稿纸。但是她计算很不熟练，进度很慢，结果到离考试交卷还只剩十分钟的时候，只做完了第一道题，第二题还没开始呢。

思思急了："这下糟了，做不完了，怎么办怎么办怎么办……"她忽然捶了一下自己的腿，"对了，上次要不是弦论小女孩考后才出现，我也不至于考不好，要不问问她这次能不能帮帮我？"

说干就干，思思趴在桌上迅速进入了梦乡，果然弦论小女孩出现了。

思思拉住她的手："快救救我吧，要是这一题我答不出来，考试就只有 50 分了！"

弦论小女孩叹了一口气："好吧，我来帮你。"

思思当即从梦中醒来，一下子感到神智完全清醒，又开始奋笔疾书了。很可惜，最终因为时间来不及，还是没能完成答卷。

1　这道题推出来的方程式，就是宇宙学里面最基本的方程式：弗里德曼方程式。它是通过假设宇宙在大尺度上是完全均匀的推导得出，思路大致是这样的：时空是一个四维流形，如果它在大尺度上是完全均匀的，即在任何地方和任何方向向远处眺望，看到的都差不多，那就只有两种可能性，一是宇宙是平坦的，二是宇宙是一个球。

考试分数下来后，思思只得了 90 分。她看看旁边的赫敏和严严，都得了 100 分，惠惠也得了 95 分。总之，只有自己最差了。

晚上睡觉的时候，思思气冲冲地找到弦论小女孩，抱怨道："你不是万能的弦论小女孩吗？怎么没帮我考 100 分？"

弦论小女孩哈哈大笑："在弦论世界里面，我们从来不架坐标系，我们看到的时空和物质都是一些光滑的整体，我们通过感觉去和它们交流，研究它们，而不会像你们那样在上面画格子、写矩阵。人类的这些方法对我们来说可太复杂了。比如说，你们要研究能量动量张量，一个人写下了 $T_{\mu\nu}$，另一个人架了另一个坐标系，写下的就是 $\tilde{T}_{\mu\nu}$。等你们俩相互交流的时候，就不得不考虑两个坐标系之间是什么样的变换关系，然后通过这个变换关系推导出你这个 $T_{\mu\nu}$ 怎么变成他的 $\tilde{T}_{\mu\nu}$。你们一千个人架了一千个坐标系，就有一千个 $T_{\mu\nu}$[1]，我们看起来这完全是无事生非嘛。本来那么直观的东西，你们写成 16 个数字已经很复杂了，现在又是坐标变换变来变去的，头都晕了。再说了，我没说过我是万能的呀。我做不到代替你去完成这些题目，只能从你脑海里面搜寻残缺不全的公式碎片，找出自洽的那些，再看看能不能解决问题。所以说到底，我只是帮助你最高效地利用了你已经掌握的知识，但是那里面对的错的全都混在一起了，达到 90 分已经是极限了嘛。"

思思又问："早知道我就在考试之前多背背公式了，这样就能

1　这是夸张的说法，只是套用了"一千个读者眼里有一千个哈姆雷特"。其实，在真正研究的时候，$T_{\mu\nu}$ 的选择只有少数几种，比如直角坐标系和球坐标系等，主要取决于所研究的问题，看怎么架设坐标系能最大限度地简化问题。但是，纠结哪种符号才是对的没太多意义，大家应该把精力花在搞懂物理上面，从一个简单的东西出发亲自推出这些东西，而不要放在纠结这个书的 ϕ 是不是那个书的 φ，这样的问题在弦论小女孩看来完全是白费功夫。

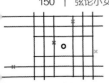

像你一样厉害了。"

弦论小女孩笑得更大声了："在我们弦论世界没有考试啊。再说了，你懂不懂弦论，跟你考试考得好不好没关系啊。等你以后做弦论世界的研究工作了，没人不让你用 Mathematica（这是一种功能强大的计算、模拟软件，多用于科研人员编写研究用的程序，比如编写一个能自动计算思思的考试题的程序）。"

思思还是不满意弦论小女孩："可是我只考了 90 分，就申请不到一流的大学，就做不出好的研究成果了。"

"以后等你做研究工作了，大家只会看你研究做得好不好，没人看你考试多少分，学校厉不厉害。"

思思心里宽慰了许多。但她还是有个疑问："那为什么赫敏和严严，又能学懂，又能考高分？"

弦论小女孩说："赫敏和严严本来也比你聪明一小丢丢，但仅仅是很小一丢丢。但他们有个好习惯，就是独立思考，独立计算。解答困难的作业题一般有三种方法，第一种是自己找答案，第二种是让答案来找你，第三种是主动问别人。只有你自己找到的答案，那些公式才能真正印在你脑海里面。可你做作业的时候，又不努力自己找到答案，而是到处问解答，用我或者你姐姐的思路算出来，正确了就不管了，并没有自己亲自再算一遍。

还记得'速度的变换'那一课吗？老师课上讲了好几种推导速度变换的方法，你弄明白了一种，就觉得自己什么都搞懂了，放心地来梦里找我了。可是严严他们耐心地把每个方法都理清楚了，他们对这个问题的理解就比你透彻得多，计算能力也得到了提升。他们做作业的时候，跟你一样，三种方法都使用了，可是他们最后自己会再算一遍，并且跟找上门来的答案和问他人得到的答案进行比较，三者都对照无误才交作业。"

思思有些不服气："那 Mathematica 不是可以帮我计算这些烦琐的问题嘛，为什么一定要我掌握手算的能力呢？"

弦论小女孩笑着摇摇头："如果没有自己动手计算过，而是用程序算出了答案，那只能说是你和电脑作为一个整体懂了这个问题。脱离了电脑，你又不懂了。那如果电脑程序有什么缺陷，你就不可能看出来，就永远被电脑束缚了。电脑毕竟只是省力的工具，不能代替你掌握技能。在学习阶段，你还是要努力练习，让自己脱离电脑也能学懂，这样真正懂了以后，再去借助电脑的帮忙，思维和能力就不会被束缚了。当然，如果你的目标只是要学懂一个理论，或者说做出好的研究成果，就不一定要勉强自己次次得 100 分。"

思思心服口服地点点头，暗自下定决心：从此以后不急不躁，尽量自己找答案，只有实在迈不过去的坎才启用另外的办法。

附录 A
洛伦兹变换的推导

在相对论之前的传统时空观中，不同参考系之间的坐标变换用的是**伽利略变换**。以二维时空（即只有一个空间维）的情况为例，如果我和你站在一起，把我们的表校准到走时一致，然后你从$t = 0$时开始以速度v匀速运动，我则站着不动，那么如果我测得一个事件发生的位置坐标是x，时间坐标是t，你测得这个事件发生的位置就是$x - vt$，时间还是t。

用紧凑的数学语言把上面的讨论写下来，就是伽利略变换公式：

$$\begin{cases} x' = x - vt \\ t' = t \end{cases}$$

但是后来的实验表明，伽利略变换并不适合真实的时空。简单来说，伽利略变换和光速不变原理是彼此冲突的；更准确地说，伽利略变换不能保证电动力学在所有参考系看起来都一样。

事实上，爱因斯坦正是从麦克斯韦的电动力学理论开始构造狭义相对论的，而不像有的材料中所说的因为测量光速的迈克尔逊－莫雷实验提出的光速不变原理。在 1905 年提出狭义相对论的论文《论动体的电动力学》中，爱因斯坦根本没提到迈克尔逊－莫雷实验。而在 1931 年会见迈克尔逊时，爱因斯坦还很不解地问迈克尔逊为什么要做这么一个实验，迈克尔逊则回答说："Because it's fun!（因为很好玩啊！）"

由于电动力学的正确性已经在地球上得到了广泛的验证，所以至少能确定的是，在地球的参考系中电动力学总是正确的。可是如果电动力学真的只在地球上成立，未免过于人类中心主义了。因此，猜测电动力学适用于所有参考系是很自然的，但这样一来就不得不抛弃传统的时空观。

为了解决这个问题，麦克斯韦提出了他自己的时空模型，我们现在称之为**麦克斯韦－惠更斯时空**（Maxwell-Huygens spacetime）[1]。在这个时空模型中，我们无法再区分线性的加速度，也就是没有绝对的惯性参考系。不过我们仍然能区分一个参考系是否在旋转。而之前适用于经典物理的时空观，被称为**欧几里得时空**。

欧几里得时空和麦克斯韦－惠更斯时空都将时间和空间分开了。用数学上的话来说，就是我们需要两个不同的度规，一个用来丈量事件之间的空间距离，一个用来丈量时间距离。最终，爱因斯坦提出了闵可夫斯基时空，在这个时空中，只有"时空间隔"这一度规，也就是将时间和空间整合到了一起。虽然这会带来诸如"同时性的

1　参考文献：*A Brief Comment on Maxwell(/Newton)[-Huygens] Spacetime*，作者：James Owen Weatherall，地址：Department of Logic and Philosophy of Science University of California, Irvine, CA 92697。

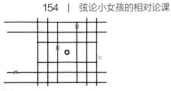

相对性"等违反过去直觉的奇妙结论,但它却是处理电动力学最简单、最成功的时空模型。

利用麦克斯韦方程组可以解出真空中电磁波的速度 $c = \dfrac{1}{\sqrt{\mu_0 \epsilon_0}}$,其中$\mu_0$是真空中的磁导率,$\epsilon_0$是真空中的介电常数。而根据实验测得的数据,在真空中,电磁波的速度 c 和光的速度非常接近,因此麦克斯韦大胆假设,光就是电磁波。如果电动力学在任何参考系都一样,那么真空中的介电常数和磁导率也都不会随参考系而改变,进而真空中的光速在任何参考系都一样,也就是**光速不变原理**。所以说,爱因斯坦从"保持电动力学的不变性"出发来推出狭义相对论,逻辑上和直接利用光速不变原理是一样的,而后者不需要电动力学的知识,只需要通过迈克尔逊 – 莫雷实验即可得到。

火车模型

在第 1 课中,我们已经用火车模型推导了 x 坐标的变换,但是由于 t 坐标的变换较为烦琐,我们下面补上推导过程[1]。注意,这里还没有使用$c = 1$的表示规范。

在一个一维空间中,发生了一个事件,我们自然能知道这个事件发生的位置。实际上,因为我们要求事件发生的时候都同时发射一道球面光,在空间各个地方布满光感探测器以后,就可以通过探测的结果来反推球面光的形状,进而计算出球心位置。当然,我们没必要真的这么麻烦地计算,因为毕竟我们是在做思想实验,只需要明确"球面波的形状可测量",进而得出 "事件发生的位置是可

1　引用自小时百科《时间的变换与钟慢效应》。

知的"就行了。

但是事件发生的时间需要一点技巧去求得。很容易想到，利用光速不变原理就可以把**对位置的知识**转化成**对时间的知识**：首先让时间和空间的原点处$(t = 0, x = 0)$发生一个事件，不妨称之为**参考事件**。在某时某地发生了另一个需要我们观测的事件，那么参考事件的球面光和待观测事件的球面光相遇也是一个事件。相遇事件发生的位置到原点的距离，除以光速，就可以得到相遇事件发生的时间；同理也可以得到相遇事件和待观测事件所发生的时间差，进而计算出待观测事件发生的时间。如图 A-1 所示。

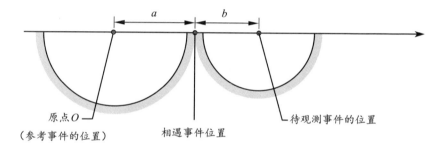

图 A-1

测量待观测事件发生的时间。相遇事件发生的时间是a/c，它和待观测事件的时间间隔是$-b/c$。也就是说，在如图所示的情形下，待观测事件发生的时间是$(a - b)/c = [2a - (a + b)]/c$。注意待观测事件的位置不是$b$，而是$a + b$。

沿用铁轨系K_1和火车系K_2的设定，令K_2相对K_1以速度v运动。我们现在想计算一下，在K_1中任意点(x_1, t_1)发生的事件，在K_2中应该对应哪个坐标(x_2, t_2)。由于这里的x_1是任意的，我们就需要火车无限长，不妨直接把火车和铁轨都抽象为一根无限长的坐标轴。

令两个坐标系的原点在各自的 $t_1 = 0$，$t_2 = 0$时刻重合。我们可以任意指定一个事件，定义它在两个坐标系中的时空坐标都是$(0,0)$，从而实现"重合"的要求。这样一来，在两个坐标系的时空原点处发生的参考事件就成了同一个事件。

待观测事件在K_1中的坐标是(x_1, t_1)，意味着相遇事件在K_1中的坐标是$(t_1 c + \dfrac{x_1 - t_1 c}{2}, t_1 + \dfrac{x_1 - t_1 c}{2c}) = (\dfrac{x_1 + t_1 c}{2}, \dfrac{x_1 + t_1 c}{2c})$。注意相遇事件的时间和空间坐标中间只差了一个因子 c，这是因为相遇事件必然在参考事件的光球上。由前面的讲解可知，利用相遇事件和待观测事件的空间坐标，就可以算出待观测事件的时间坐标；虽然我们已经知道了t_1，但你仍然可以验算一下，当作练习。如图 A-2 所示。

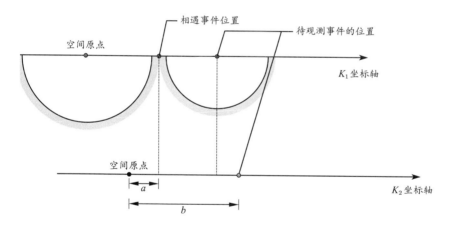

图 A-2

相遇事件在两个坐标轴中的表示。a 是K_2中相遇事件的位置，b 是
K_2中待观测事件的位置。这个图是在K_1的视角下绘制的，请注意
K_2坐标轴的尺缩效应使得K_2的尺子看起来更密集了一些。

同样地，我们知道相遇事件在K_2中待观测事件的位置是

$(x_1 - vt_1)/\sqrt{1 - \dfrac{v^2}{c^2}}$（直接由尺缩效应得$x_1 - vt_1$部分是在$K_1$中看到的

K_2的原点和待观测事件的距离）；类似地，相遇事件的位置（可以

用$\dfrac{x_1 + t_1 c}{2}$代替x_1，$\dfrac{x_1 + t_1 c}{2c}$代替t_1，代入$(x_1 - vt_1)/\sqrt{1 - \dfrac{v^2}{c^2}}$得到）是：

$$\left(\frac{x_1 + t_1 c}{2} - v\frac{x_1 + t_1 c}{2c}\right)/\sqrt{1 - \frac{v^2}{c^2}} = \frac{x_1 + t_1 c}{2} \cdot \left(1 - \frac{v}{c}\right)/\sqrt{1 - \frac{v^2}{c^2}}$$

代入图 A-1 的结果，可知 K_2 中待观测事件的时间是：

$$\left[(x_1 + t_1 c) \cdot \left(1 - \frac{v}{c}\right)/\sqrt{1 - \frac{v^2}{c^2}} - (x_1 - vt_1)/\sqrt{1 - \frac{v^2}{c^2}}\right] \cdot \frac{1}{c} = \frac{t_1 - \frac{v}{c^2} x_1}{\sqrt{1 - \frac{v^2}{c^2}}}$$

由此，我们得出了时间的变换：K_1 中的事件(x_1, t_1)，在 K_2 中的

坐标是$\left((x_1 - vt_1)/\sqrt{1 - \dfrac{v^2}{c^2}}, (t_1 - \dfrac{v}{c^2} x_1)/\sqrt{1 - \dfrac{v^2}{c^2}}\right)$，这就是**一维空间**

中的洛伦兹变换。

代数推导

火车模型对于初学者直观理解狭义相对论有很大帮助，但它在
逻辑上其实较为烦琐，需要推导出尺缩效应，再以此推导出时间的
变换，才能得到 x 和 t 坐标的洛伦兹变换，而 y 和 z 的变换还要额外
的讨论。

我们现在用更紧凑的代数方法来推导洛伦兹变换，不过要注意，
这一方法对代数能力的要求较高。

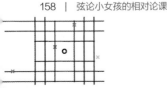

为了方便讨论，假设两个参考系的原点重合，即在参考系K_1中发生在$t = x = y = z = 0$的事件，在另一个参考系K_2中发生在$t' = x' = y' = z' = 0$；同时，假设K_2相对K_1以**沿着**x**轴**的速度v运动。另外，为简化书写，继续使用$c = 1$的符号规范。

相对性原理告诉我们，洛伦兹变换应该是均匀的。比如说，尺缩效应在任何地方都是一样的，不会出现这里尺缩比例是一个数、那里尺缩比例又是另一个数的情况。同时，相对性原理也意味着，洛伦兹变换的逆变换（即反过来考虑K_1相对于K_2的变换）还是洛伦兹变换。这就意味着洛伦兹变换应该有以下形式：

$$\begin{cases} t' = Ax + Bt \\ x' = Cx + Dt \\ y' = y \\ z' = z \end{cases}$$

只需要求x和t怎么用x'和t'表示，就可以得到上式的逆变换：

$$\begin{cases} t = \dfrac{Ax' - Ct'}{AD - BC} \\ x = \dfrac{Bx' - Dt'}{BC - AD} \\ y = y' \\ z = z' \end{cases}$$

现在我们耍一个小小的花招：如果把**时间流逝的方向反向**，即使用$t_负 = -t$来代替t、$t'_负 = -t'$来代替t'，那么就有：

$$\begin{cases} t'_负 = -Ax + Bt_负 \\ x' = Cx - Dt_负 \\ y' = y \\ z' = z \end{cases}$$

而这么一代替后，K_2相对于K_1的速度就变成$-v$了，和代替前的K_1相对于K_2的速度一样。所以两个变换（即时间反向前K_2相对于K_1的变换，和时间反向后K_1相对于K_2的变换）应该有相同的系数，即：

$$\begin{cases} -A = \dfrac{A}{AD - BC} \\ B = \dfrac{-C}{AD - BC} \\ C = \dfrac{B}{BC - AD} \\ -D = \dfrac{-D}{BC - AD} \end{cases}$$

再考虑到两个因素：

首先因为光速不变原理，故K_1中表示为$x(t) = t$的轨迹（即以光速运动的粒子的轨迹，其中$x(t)$的含义是粒子在时间t时候的x坐标，而该粒子在另外两个空间方向上不运动），到了K_2中应该是$x'(t') = t'$。这意味着$A + B = C + D$（将$x = t$和$x' = t'$代入$x' = Cx + Dt$和$t' = Ax + Bt$即可）。

其次，因为K_2中速度为零的粒子，在K_1中具有沿着x方向的速度v，故可知当$x'(t') = 0$时，有$x(t) = vt$，于是有$Cvt + Dt = 0$。

把上述两个式子代入方程组，再解方程组即得到：

$$\begin{cases} A = \dfrac{-v}{\sqrt{1 - v^2}} \\ B = \dfrac{1}{\sqrt{1 - v^2}} \\ C = \dfrac{1}{\sqrt{1 - v^2}} \\ D = \dfrac{-v}{\sqrt{1 - v^2}} \end{cases}$$

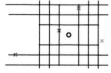

故洛伦兹变换应为：

$$\begin{cases} t' = \dfrac{t - vx}{\sqrt{1 - v^2}} \\ x' = \dfrac{x - vt}{\sqrt{1 - v^2}} \\ y' = y \\ z' = z \end{cases}$$

附录 B
推导速度的叠加

在第 5 课 "速度的叠加" 中，我们用代数的方法计算出了速度叠加原理的表达式。不过思思的老师在黑板上所画的图也暗示了一种几何的计算方法。我们在这里归纳几个推导速度叠加的方法，其中也包括思思老师已经讲过的代数方法，不过会比第5课讲得更细致。

沿用铁轨系K_1和火车系K_2的设定，令K_2相对K_1以速度v运动，以直角坐标系表示K_1，相应地用斜坐标系表示K_2。如果一个点在K_1中以速度u运动，那么它在直角坐标系中扫过一条直线，称为它的**世界线**；这在斜坐标系中也算一条直线。因此，这个点在K_2中也是以匀速运动的，记为u'。我们希望计算出u'相对于u的关系。

几何解法 [1]

如图 B-1 所示，K_1系的坐标为 x 和 t，K_2系的坐标为x'和t'，由

1　本方法为本书作者李松寒首发于小时百科。

题设有 $\tan\theta = v$。图 B-1 中的蓝线表示所讨论点的运动轨迹，因此 $\tan\varphi = u$。我们的目标是计算出蓝线在 K_2 中的斜率，也就是 $\dfrac{a}{b}$。

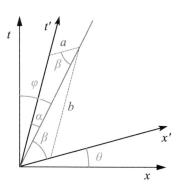

图 B−1

由正弦定理，$\dfrac{a}{b} = \dfrac{\sin\alpha}{\sin\beta}$。其中 $\alpha = \varphi - \theta$，$\beta = \dfrac{\pi}{2} - \theta - \varphi$。则：

$$
\begin{aligned}
\frac{\sin\alpha}{\sin\beta} &= \frac{\sin(\varphi - \theta)}{\sin\left(\frac{\pi}{2} - \theta - \varphi\right)}, \\
&= \frac{\sin(\varphi - \theta)}{\cos(\varphi + \theta)}, \\
&= \tan(\varphi - \theta) \cdot \frac{\cos(\varphi - \theta)}{\cos(\varphi + \theta)}, \\
&= \tan(\varphi - \theta) \cdot \frac{\cos\varphi\cos\theta + \sin\varphi\sin\theta}{\cos\varphi\cos\theta - \sin\varphi\sin\theta}, \\
&= \tan(\varphi - \theta) \cdot \frac{1 + \tan\varphi\tan\theta}{1 - \tan\varphi\tan\theta}, \\
&= \frac{\tan\varphi - \tan\theta}{1 - \tan\varphi\tan\theta}, \\
&= \frac{u - v}{1 - uv}
\end{aligned}
$$

也就是说，当物体在 K_1 里以速度 u 运动时，在相对 K_1 以速度 v 运动的火车 K_2 看来，其速度是 $u' = (u - v)/(1 - uv)$。

这就是一维空间里，物体在两个参考系之间的速度变换公式。

代数解法

设物体在 K_1 中的运动轨迹是 $x = ut + c$，其中 c 是一个常数。那么利用洛伦兹变换将 x 和 t 用 x' 和 t' 表示，我们有：

$$\frac{x' + vt'}{\sqrt{1 - v^2}} = u \cdot \frac{t' + vx'}{\sqrt{1 - v^2}} + c$$

整理得：

$$x' = \frac{u - v}{1 - uv} t' + c\sqrt{1 - v^2}/(1 - uv)$$

因此 $u' = (u - v)/(1 - uv)$。

分析解法

以上几何解法和代数解法都是对于在两个参考系中都匀速运动的点而言的。事实上，这一速度变换公式也可以用在任意运动状态的点上。

考虑到洛伦兹变换和一阶微分的形式不变性（即如果 $y = f(x)$，

那么总有 $\mathrm{d}y = f'(x)\mathrm{d}x$。更高阶的微分是不能这样写的，比如 $\mathrm{d}^2 y = f''(x)\mathrm{d}x^2$ 就不可以），可以有：

$$u' = \frac{\mathrm{d}x'}{\mathrm{d}t'} = \frac{\mathrm{d}x - v\mathrm{d}t}{\mathrm{d}t - v\mathrm{d}x} = \frac{\frac{\mathrm{d}x}{\mathrm{d}t} - v}{1 - v\frac{\mathrm{d}x}{\mathrm{d}t}} = \frac{u - v}{1 - uv}$$

这和前面的结果一致。

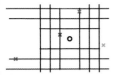

附录 C
一点微分学

　　"微积分"这个词，由两部分构成："微分"和"积分"。这两部分颇有些相互对立、互为补充的意思。微分，就是讨论将事物无限剖分后某一小部分的性质；而积分，则是着眼于无数微小部分所构成的整体。

　　我们尝试在本附录直观地讲一点微分学的基础概念。这只是微积分或者说数学分析这座冰山的一角，而且还很模糊。如果想真正了解微积分的逻辑，建议阅读数学分析教科书。我个人推荐高等教育出版社出版的《数学分析》一书。

函数

　　微积分是研究变量之间关系的学科，这其中就包括函数，因为函数有自变量和因变量嘛。通常，我们会用$f(x)$表示一个自变量为x、因变量（函数值）为$f(x)$的函数；如果语境中**没必要讲清楚**自变量是谁，也可以为了简便只写一个f。

如果有多个函数，比如有两个函数f和g，那还可能出现函数的**复合**，比如$f(g(x))$和$g(f(x))$，即其中一个函数值是另一个函数的自变量。函数的复合**一般不遵守交换律**，举例来说，如果令$f(x) = x^2$，$g(x) = x + 1$，那么$f(g(x)) = g^2 = (x+1)^2$，而$g(f(x)) = f + 1 = x^2 + 1$。

在本附录中我们会使用阶乘符号来简化表达。阶乘的定义如下：$n! = 1 \times 2 \times 3 \times \cdots \times n$，其中$n$是正整数。

斜率与导数

给定常数k和b，一元函数$y = kx + b$的图像是一条直线。在这条直线上任取两个点A和B，这两个点之间的"高度差"和"水平距离"的比值，称作该直线的**斜率**，如图 C-1 所示。

斜率的绝对值越小，直线就越接近水平；斜率的绝对值越大，直线就越陡峭。换一种理解方式的话，也可以说图 C-1 所示的函数值y随着自变量x的变化而变化，斜率的绝对值越大则变化越快；因此，我们也可以把斜率理解为函数值的"变化率"。

直线的斜率，或者说一次函数的变化率，是最好理解的。那一般的曲线斜率该怎么讨论呢？如图 C-2 所示。

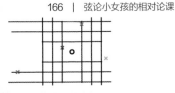

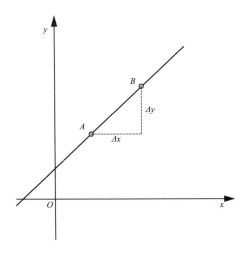

图 C-1

直线斜率的示意图。图中两个点之间的水平距离用Δx表示，高度差用Δy表示。具体地，水平距离是 B 的 x 坐标减去 A 的 x 坐标，高度差是 B 的 y 坐标减去 A 的 y 坐标，Δ 表示"变化"。所以Δx可以理解为"从 A 到 B 的过程中，x 坐标的变化量"。图示直线的斜率，定义为$\dfrac{\Delta y}{\Delta x}$。

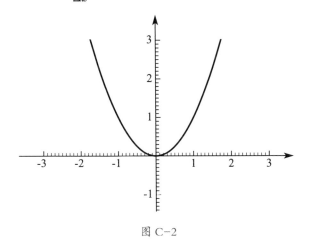

图 C-2

图 C-2 是二次函数 $y = x^2$ 的图像，它是一个曲线。我们可以固定一个自变量的变化量 Δx，看看以不同的点为起点，得到的 Δy 有什么区别。在原点处，$\Delta y = (0 + \Delta x)^2 - 0^2 = \Delta x^2$；在 $x = 1$ 处，$\Delta y = (1 + \Delta x)^2 - 1^2 = \Delta x^2 + 2\Delta x$；一般地，在任意 x 处有 $\Delta y = (x + \Delta x)^2 - x^2 = \Delta x^2 + 2x\Delta x$。

如果计算**函数值变化量**和**自变量变化量**的比例，就能得到 $\dfrac{\Delta y}{\Delta x} = \Delta x + 2x$。这个结果很符合我们直观的感受：在原点附近，函数值随着自变量变化的幅度很小，但在越远离原点的地方，函数值随着自变量变化的幅度就越大。可是这个比例真的可以用来反映函数变化率吗？其实并不能，因为表达式里有一个 Δx，而这个值是可以任意选择的。如果取 $x = -1$ 而 $\Delta x = 2$，我们甚至能得到 $\dfrac{\Delta y}{\Delta x} = 0$，但 $x = -1$ 处的函数变化率看起来就不像是 0 呀。实际上，$\dfrac{\Delta y}{\Delta x}$ 反映的并不是函数在某个点处的性质，而是如图 C-3 所示的两个点之间的**割线**的性质。

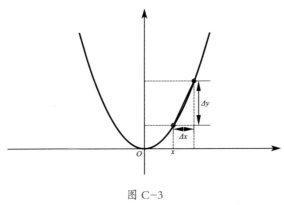

图 C-3

$\dfrac{\Delta y}{\Delta x}$ 反映的是图示割线的斜率。

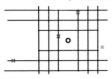

割线反映的是函数在**一段区域内**的变化率。要真正反映函数在**一个点处**的变化率，应该讨论的是函数在这一点处**切线**的斜率。但是怎么确定切线呢？方法很简单，让Δx逐渐趋于 0，这样画出的割线就会越来越接近切线，如图 C-4 所示。

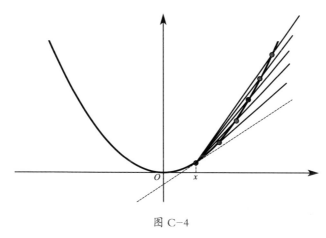

图 C-4

割线逼近切线的示意图。图中我们固定割线的**左端**为函数图像在 x 处的点，虚线为此处函数图像的切线。当Δx变得越来越接近 0 时，割线的**右端**就越来越靠近左端，由此画出的割线也越来越靠近切线。

图 C-4 显示的是割线从右边逼近曲线的过程。我们也可以反过来，固定割线的右端在函数图像的 x 处，而让左端从左边逼近。两种逼近方式，分别对应"右导数"和"左导数"。我们下面会解释这两个词。

导数就可以粗略理解为函数图像在一点处**切线的斜率**，它反映的是函数在这一点处的变化率。从逼近的思想看，我们可以求出割线的表达式，然后再在表达式中令Δx变得越来越接近 0，如果结果越来越接近一个数字，那么这个数字就是切线的斜率。

"Δx变得越来越接近 0"在数学上简单记为$\lim\limits_{\Delta x \to 0}$。更准确地说，我们有两种逼近方式，其中从**右端**逼近对应的是Δx恒为**正数**，不断**减小**到 0，表示为$\lim\limits_{\Delta x \to 0^+}$；从**左端**逼近对应的是$\Delta x$恒为**负数**，不断**增加**到 0，表示为$\lim\limits_{\Delta x \to 0^-}$。

对于任意函数$y = f(x)$，它的割线斜率可以写成$\dfrac{f(x + \Delta x) - f(x)}{\Delta x}$，而切线斜率就是$\lim\limits_{\Delta x \to 0} \dfrac{f(x + \Delta x) - f(x)}{\Delta x}$，或者写成$\lim\limits_{\Delta x \to 0} \dfrac{\Delta f(x)}{\Delta x}$。

我们以$f(x) = x^2$为例，计算一下各点处切线的斜率。首先计算割线斜率：$\dfrac{f(x + \Delta x) - f(x)}{\Delta x} = \dfrac{(x + \Delta x)^2 - x^2}{\Delta x} = \dfrac{\Delta x^2 + 2x\Delta x}{\Delta x}$$= \Delta x + 2x$。接着令$\lim\limits_{\Delta x \to 0}$，得到$\lim\limits_{\Delta x \to 0} \Delta x + 2x = 2x$。计算完成了，现在我们就知道了，在$y = x^2$的图像上，各点处的切线斜率就是$2x$，其中$x$就是这个点的横坐标。

在计算导数，也就是切线斜率的时候，我们只要求Δx趋近于 0 就行，并没有限制趋近的方式。它可以是从正数逐渐减小，也可以是一会儿正一会儿负，甚至可以先远离再接近。如果任何接近方式得到的结果都一样，才能说切线和导数存在。

对于$y = |x|$，在$x = 0$处，割线从**左端**逼近所算出的导数是-1，从**右端**逼近算出的是 1，二者并不相等。这两个导数分别被叫作左导数和右导数。只有当左右导数相等的时候，我们才统一管它们叫**导数**，如图 C-5 所示。

有的时候，在函数的某一点甚至不存在左右导数。因此，导数的概念并不是所有函数都具备的，只有一些性质很好的函数才可以求导，这样的函数就被叫作"**可导**函数"。

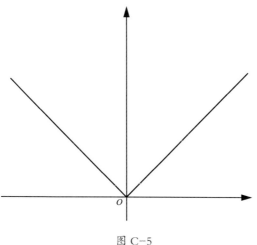

图 C-5

$y = |x|$的图像。这个函数在$x = 0$处左右导数不相等，因此在这个点上不可导，但是在其他点上都是可导的。

从图像可以直观感受到，切线和函数图像在切点附近是非常接近的。因此，求导可以看成是"线性近似"的过程，即通过研究切线的性质来得知函数一点处的性质。

一个函数f如果处处可导，那么把它每个点的导数都当成一个函数值，可以得到一个新的函数，称为f的**导函数**，记为f'。反过来，f被称为f'的**原函数**。举例而言，$y = x^2$的导函数就是$y = 2x$，因此如果令$f(x) = x^2$，则$f'(x) = 2x$。

导数的另一种记法是莱布尼兹首创的"微分"记号，即把$\lim\limits_{\Delta x \to 0} \dfrac{\Delta y}{\Delta x}$简记为$\dfrac{\mathrm{d}y}{\mathrm{d}x}$。$\Delta x$、$\Delta y$和$\Delta f(x)$等都是"有限的变化量"，也叫作"差分"。而微分可以理解为趋近于 0 的差分。注意，"趋近于"不是"等于"。$\dfrac{\Delta y}{\Delta x}$是用两个固定的数相除，而$\lim\limits_{\Delta x \to 0} \dfrac{\Delta y}{\Delta x}$是无数个$\dfrac{\Delta y}{\Delta x}$

在Δx趋近于0时所趋近于的数字。微分记号就是把"趋近于0的差分"用符号 d 简记的方法。在数学课"坐标系与度规"一节中，我们已经见过这个记号了。

粗略地讲，你可以把 dx 想象成"某个变量有了微小改变时 x 的变化量"。比如$\dfrac{dy}{dx}$中，dx 表示 x 有微小改变时 x 的变化量，而 dy 表示 x 有微小改变时 y 的变化量。或者更粗略但也更直接地，dx 就是 x 的微小变化量。到底多微小才足够呢？严格来说是要"任意小"，即"取多小都不够"，所以严谨的表达要使用数列极限的概念和 $\varepsilon-\delta$ 语言来描述，在《数学分析》课本的一开头都能找到。但作为粗略的理解，你只需要想象 dx 是一个足够小的Δx，以至于不会出现类似前面所说的，在函数$y = x^2$的$x = -1$处，取$\Delta x = 2$居然会出现$\Delta y = 0$这样不合理的结果（不符合函数在$x = -1$处的性质），就行了。

本附录一开始我们就提到过，微积分是研究变量之间关系的学科。如果两个变量 x 和 y 之间有某种关系，那么 dx 和 dy 之间也是相互联系的，即Δx和Δy的取值是相关联的，而且只要给其中一个取极限，另一个通常也自动取了极限。比如说，如果$y = x^2$，那么必然有$dy = 2xdx$，使得$\dfrac{dy}{dx} = 2x$。我们当然也可以反过来写，即$\dfrac{dx}{dy} = \dfrac{1}{2x} = \pm\dfrac{1}{2\sqrt{y}}$，这就是**反函数**的求导法则。如果变量之间没什么"羁绊"，那求导就毫无意义了，因为Δx和Δy的取值毫无关联，使得$\dfrac{\Delta y}{\Delta x}$的取值非常随心所欲。

用f'只能表示导函数，而微分记号却能用在更广泛的领域。事实上，因为牛顿与莱布尼兹就微积分的发明权一事交恶，英国数学界曾经抵制莱布尼兹记号，这导致英国数学一度远远落后于欧洲大陆。今天，除了有时候为了方便，我们可能会使用牛顿的记号，更多时候甚至只能使用莱布尼兹记号。

导函数本身也是一个函数，有可能继续求导。f'的导函数就是f''，f''的导函数就是f'''，以此类推。如果求导次数太多，撇号就会太多，写起来不免累赘。因此，我们也常用$f^{(n)}$表示对f求了n次导的函数，即n个撇号。

最后，由于求导能够把一个函数**变成**另一个函数（即它的导函数），故我们也可以把"求导"这一操作理解为一个"算子"。算子就是作用在一个事物上，能把这个事物变成另一个事物的东西，有时候也被叫作算符、映射等。因此，我们可以认为求导的过程是用算符$\frac{\mathrm{d}}{\mathrm{d}x}$对函数$f$作用的过程，因此也可以把$\frac{\mathrm{d}f}{\mathrm{d}x}$写成$\frac{\mathrm{d}}{\mathrm{d}x}f$，前者表示"$f$的微小变化量与$x$的微小变化量之比"，后者表示"对$f$进行求导操作的结果"，二者表达不同，但含义相同。

导函数的性质

我们在这里介绍几个对于求导很有帮助的公式。

第一个是**加法公式**。如果有两个函数$f(x)$和$g(x)$，那么对它们先求和再求导，等于先求导再求和。这一结论可以表示为$\frac{\mathrm{d}(f(x)+g(x))}{\mathrm{d}x}=\frac{\mathrm{d}f(x)}{\mathrm{d}x}+\frac{\mathrm{d}g(x)}{\mathrm{d}x}$。证明如下：

$$\frac{\mathrm{d}(f(x) + g(x))}{\mathrm{d}x} = \lim_{\Delta x \to 0} \frac{[f(x + \Delta x) + g(x + \Delta x)] - [f(x) + g(x)]}{\Delta x}$$
$$= \lim_{\Delta x \to 0} \frac{f(x + \Delta x) - f(x)}{\Delta x} + \lim_{\Delta x \to 0} \frac{g(x + \Delta x) - g(x)}{\Delta x}$$
$$= \frac{\mathrm{d}f(x)}{\mathrm{d}x} + \frac{\mathrm{d}g(x)}{\mathrm{d}x}$$

第二个是**乘法公式**，表示为$\dfrac{\mathrm{d}[f(x) \cdot g(x)]}{\mathrm{d}x} = \dfrac{\mathrm{d}f(x)}{\mathrm{d}x}g(x) + f(x)\dfrac{\mathrm{d}g(x)}{\mathrm{d}x}$。

证明如下：

$$\frac{\mathrm{d}[f(x) \cdot g(x)]}{\mathrm{d}x} = \lim_{\Delta x \to 0} \frac{f(x + \Delta x)g(x + \Delta x) - f(x)g(x)}{\Delta x}$$
$$= \lim_{\Delta x \to 0} \frac{f(x + \Delta x)g(x + \Delta x) - f(x + \Delta x)g(x) + f(x + \Delta x)g(x) - f(x)g(x)}{\Delta x}$$
$$= \lim_{\Delta x \to 0} \frac{f(x + \Delta x)g(x + \Delta x) - f(x + \Delta x)g(x)}{\Delta x} + \lim_{\Delta x \to 0} \frac{f(x + \Delta x)g(x) - f(x)g(x)}{\Delta x}$$
$$= f(x)\frac{\mathrm{d}g(x)}{\mathrm{d}x} + \frac{\mathrm{d}f(x)}{\mathrm{d}x}g(x)$$

最后一个是**链式法则**，表示为$\dfrac{\mathrm{d}f(g(x))}{\mathrm{d}x} = \dfrac{\mathrm{d}f(g)}{\mathrm{d}g} \cdot \dfrac{\mathrm{d}g(x)}{\mathrm{d}x}$，即先求$f$的导函数$f'$，然后把自变量当作$g$得到$f'(g)$，再求$g$的导函数$g'$，于是$f(g(x))$的导函数就是$f'(g(x)) \cdot g(x)$。这个公式比前两个要难理解一点，我们不做深入讨论，只举一例帮助感兴趣的读者研究。

令$g(x) = x + 1$，$f(x) = x^2$，则$f(g(x)) = [g(x)]^2 = (x + 1)^2$。于是根据链式法则，$\dfrac{\mathrm{d}(x + 1)^2}{\mathrm{d}x} = f'(g) \cdot g'(x) = f'(x + 1) \cdot g'(x) = 2(x + 1) \cdot 1 = 2x + 2$。

这三个公式可以帮助我们算出所有幂函数以及多项式函数的导函数。

我们已经知道了，$f(x) = x^2$的导数是$f'(x) = 2x$。利用乘法公式，不难算出$xf(x) = x^3$的导数是$f(x) + xf'(x) = 3x^2$。以此类推，可以

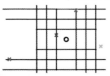

推知x^n的导函数是nx^{n-1}，其中 n 是非负整数。如果再配上加法公式，就可以得知多项式函数$\sum a_n x^n$的导函数就是$\sum na_n x^{n-1}$。

偏微分

有时候，函数的自变量不止一个。比如说，我们可以定义$f(x, y) = x^2 + y^2$，这个函数就有两个自变量。如果要画出这个函数，就不得不用三维坐标系，令$z = f(x, y) = x^2 + y^2$，如图 C-6 所示。

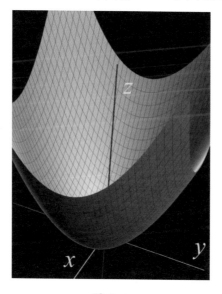

图 C-6

在多元函数中，比如上面这个例子，$\dfrac{\mathrm{d}f}{\mathrm{d}x}$已经毫无意义了，因为不仅要考虑 x 的变化，还要考虑 y 的变化。最简单的解决办法，莫过于限制只有一个自变量在变化。比如限制只有 x 坐标有变化量，相当于在一个垂直于 y 轴的截面里考虑函数的性质，而把 y 当成一个常数。这种情况下函数被截取的部分就可以视为一个一元函数，用我们已经讨论过的方法就可以求它的导数，只不过要表示为 $\dfrac{\partial f(x,y)}{\partial x}$，称为 "$f$ 对 x 求**偏微分**"。∂ 被称为 "偏微分" 符号，表示的是 "只有某一个自变量变化的微分"。要注意的是，$\mathrm{d}f(x,y)$ 尚且可以单独存在，$\partial f(x,y)$ 却只能作为 $\dfrac{\partial f(x,y)}{\partial x}$ 的一部分存在。这是因为 $\mathrm{d}f(x,y)$ 还可以理解为 f 的微小变化量，但单独的 $\partial f(x,y)$ 却没什么实际含义，因为没有指定是朝什么方向偏微分，只有完整的 $\dfrac{\partial f(x,y)}{\partial x}$ 才有意义。

不过，$\mathrm{d}f(x,y)$ 是有意义的，毕竟它代表的就是 f 的微小变化量，与自变量变化量的关系是 $\mathrm{d}f = \dfrac{\partial f}{\partial x}\mathrm{d}x + \dfrac{\partial f}{\partial y}\mathrm{d}y$，这一关系也被叫作 f 的**全微分**。

正因为 $\partial f(x,y)$ 和 ∂x 等不会单独出现，因此我们常用一种简单的符号来表示偏微分：$\dfrac{\partial f}{\partial x} = \partial_x f$。在相对论中我们大量使用指标记号，用 x^μ 来表示坐标，那么 f 对 x^μ 求偏微分也可以记为 $\partial_\mu f$。

类似一元函数的求导，求偏微分操作也可以表示为一个算子，即形如 $\dfrac{\partial}{\partial x}$ 的算子，也可以表示为上面说的 ∂_x。

一元函数的微分，可以理解为用切线来近似表示切点附近的函数性质；二元函数的微分，可以理解为用切平面来表示切点附近的函数性质。一般地，微分的思想就是 "化曲为直"，即用切空间来近似表示切点附近的曲面性质。虽然说是近似，但是逻辑上我们可以让近似的准确度要多高有多高，所以微分思想实际上是从近似得出精确的艺术。本书无法对此进行深入的讨论，只能建议读者学习数学分析的相关知识了。

泰勒展开

有一类性质特别良好的实函数，称为**解析函数**，可以定义为"能写成幂函数的和"的函数。一个解析函数可能是有限个幂函数的和，也可能是无穷多个幂函数的和。为了表述统一，也可以说解析函数就是无穷多个幂函数的和，而"有限个幂函数的和"这一情况可以表述为"除了有限个以外，其他幂函数的系数都是 0"。

比如说，正弦函数就可以写成幂函数的和：$\sin x = x - \dfrac{1}{3!}x^3 + \dfrac{1}{5!}x^2 - \cdots$。把解析函数写成幂函数的和（或者叫幂级数）的过程，称作该函数的**幂级数展开**，或者**泰勒展开**。

如何求一个解析函数$f(x)$的泰勒展开呢？我们不妨倒过来思考：既然是解析函数，那就可以写成$f(x) = \displaystyle\sum_{n=0}^{\infty} a_n x^n$的形式，我们只要算出每一个$a_n$就好了。怎么算呢？

我们注意到，$f(0) = a_0 + a_1 0 + a_2 0^2 + a_3 0^2 + \cdots = a_0$。结合之前讨论过的**导函数的性质**，可知$f^{(n)}(0) = n!a_n$。因此，我们就有对解析函数进行泰勒展开的泰勒公式：

$$f(x) = f(0) + xf'(0) + \frac{x^2}{2}f''(0) + \frac{x^3}{6}f'''(0) + \cdots = \sum_{n=0}^{\infty} \frac{x^n}{n!}f^{(n)}(0)$$

泰勒展开还可以理解为近似表示解析函数的尝试。以$f(x) = \ln x$为例，我们用$f_1(x) = f(0) + xf'(0) = x$来近似表示它，如图 C-7 所示。

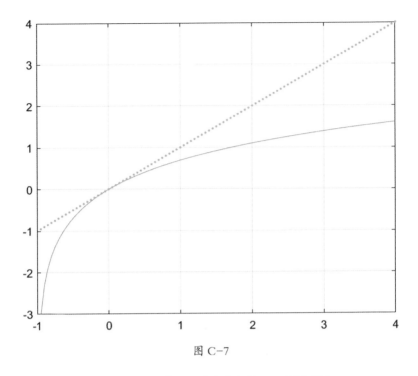

图 C-7

蓝色的线是 $y = f(x)$ 的图像，靛蓝色虚线是 $y = f_1(x)$ 的图像。

从图 C-7 中可以看到，在切点 $x = 0$ 附近，函数图像和切线很接近，所以在偏离切点不太远的地方，可以近似有 $f(x) \approx f_1(x)$。但是离切点远的地方误差就很大了，所以我们还得进行修正，再加一项 $-\dfrac{1}{2}x^2$，凑成 $f_2(x) = x - \dfrac{1}{2}x^2$，如图 C-8 所示。

从图 C-8 中可以看出来，新增的虚线比切线更近似于 $f(x)$。

接下来，我们把 $f(x)$ 的头几项泰勒展开项添加进去，逐渐得到 $f_3(x)$、$f_4(x)$ 乃至 $f_{30}(x)$ 和 $f_{31}(x)$，得到如图 C-9 ~ 图 C-12 中表示的近似。

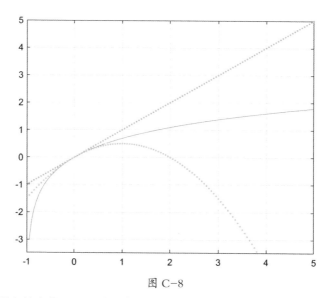

图 C-8

蓝色的线是 $y = f(x)$ 的图像，靛蓝色虚线是 $y = f_1(x)$ 的图像，新增的黄色虚线是 $y = f_2(x)$ 的图像。

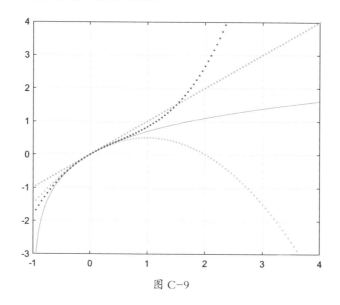

图 C-9

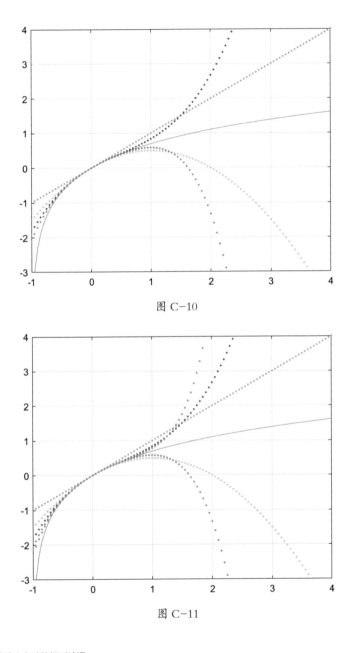

图 C-10

图 C-11

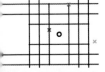

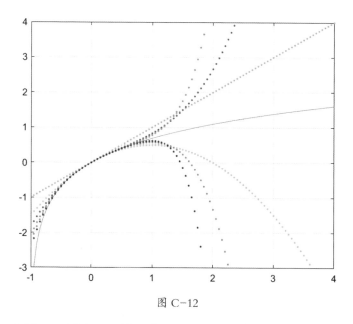

图 C-12

从图 C-7 到图 C-12 这 6 张图可以看到，泰勒展开项加得越多，近似就越准确。到了 30、31 项的时候，从图上看，虚线近似部分已经几乎和 $f(x)$ 的负数部分重合了，近似效果非常棒。正数部分的近似也在随着泰勒展开项的增加而变得越来越好，只不过还是有虚线突然往上或者往下乱跑的情况，而且是每逢奇数项就往上跑、逢偶数项就往下跑。

这 6 张图直观地展示了函数在 $x = 0$ 这个切点处进行泰勒展开的过程。在别的切点可不可以进行同样的展开呢？答案是可以的，比如在 $x = x_0$ 处进行的泰勒展开就写作：

$$f(x) = f(x_0) + (x - x_0)f'(x_0) + \frac{(x - x_0)^2}{2}f''(x_0) + \frac{(x - x_0)^3}{6}f'''(x_0) + \cdots$$
$$= \sum_{n=0}^{\infty} \frac{(x - x_0)^n}{n!}f^{(n)}(x_0)$$

我们前面详细讨论的是当 $x_0 = 0$ 时的泰勒展开，也叫**麦克劳林展开**。

为什么要如此大费周章地对函数进行泰勒展开呢？首先，幂函数的性质非常良好，研究起来也方便，所以把函数展开成幂级数对研究工作有帮助，比如微分方程中的幂级数解法就是利用了这一思路；其次，如果我们要求出一个函数的数值解，由于不需要过于精确，故只需要拿这个函数的前几项泰勒展开项来进行计算就可以了，比如现在求 π 值的很多方法。

从泰勒展开的表达可以看出，解析函数必须是可以进行任意多次求导操作的。反过来，能进行任意多次求导操作的函数被称为**光滑函数**，但不一定是解析函数。我这里举一个光滑但不解析的函数，不要求你能证明它光滑但不解析的性质（能证明当然更好），但希望能给你留一个印象，以后说不定能碰到它：

$$f(x) = \begin{cases} 0, & x \leqslant 0 \\ \mathrm{e}^{-1/x}, & x > 0 \end{cases}$$

附录 D
广义相对论考试答案

在考试"广义相对论"中给出的两道题，实际上是比本书其他部分要难一些的，需要读者有一定的数学基础。因此，题目并非是必须要求读者掌握的，但为了周全，我们把计算过程列举在本附录里，这样学习到了相关部分的读者可以有所收获，非物理专业的读者也可以看看思思他们是怎么处理这些问题的。

第 1 题

度规是已知的：

$$g_{\mu\nu} = \mathrm{diag}(1, -a(t)^2, -a(t)^2, -a(t)^2) \tag{1}$$

引用小时百科"Christoffel 符号"中的公式 [1]

$$\Gamma_{ij}^r = \frac{1}{2}g^{kr}(\partial_i g_{jk} + \partial_j g_{ki} - \partial_k g_{ij}) \tag{2}$$

将其展开就可以计算出 Christoffel 符号了。

没必要挨个计算所有分量。注意到只有 $\mu = \nu$ 的时候 $g_{\mu\nu}$ 非零，且 $g_{00} = 1$ 是个常数，g_{11}，g_{22} 和 g_{33} 是时间的函数，就可以剔除大部分为零的结果。比如如果要计算 Γ_{ij}^0，那么 $k \neq 0$ 的项就全部是零，因为此时 $g^{k0} = 0$ 了。

以下只给出 $\Gamma_{\mu\nu}^\lambda$ 中非零的项，未给出的全部都是零。

$$\begin{aligned}
\Gamma_{11}^0 &= \frac{1}{2}g^{00}(\partial_1 g_{10} + \partial_1 g_{01} - \partial_0 g_{11}) \\
&= -\frac{1}{2}[-\partial_0(-a(t)^2)] \\
&= a(t)a'(t)
\end{aligned} \tag{3}$$

其中 $a'(t) = \dfrac{\mathrm{d}a(t)}{\mathrm{d}t}$。如果懒得写明 t，也可以将它简写为 $\dot{a}$，这样就有 $\Gamma_{11}^0 = a\dot{a}$。

类似地，$\Gamma_{22}^0 = \Gamma_{33}^0 = a\dot{a}$。

$$\begin{aligned}
\Gamma_{01}^1 &= \frac{1}{2}g^{11}(\partial_0 g_{11} + \partial_1 g_{10} - \partial_1 g_{01}) \\
&= -\frac{1}{2a^2}(-2a\dot{a} + 0 - 0) \\
&= \frac{\dot{a}}{a}
\end{aligned} \tag{4}$$

1　这里使用的是拉丁字母指标，因为该词条是从数学角度讨论的，并不区分时间和空间，实际上相当于物理上使用希腊字母指标。

注意，由于 $g^{\mu\nu}g_{\mu\lambda} = \delta^{\nu}_{\lambda}$，故 $g^{11} = 1/g_{11} = 1/a^2$。

类似地，$\Gamma^1_{10} = \Gamma^2_{02} = \Gamma^2_{20} = \Gamma^3_{03} = \Gamma^3_{30} = \dfrac{\dot{a}}{a}$。

接着，引用小时百科"曲率张量场"中的定义 [1]，可以得到 Ricci 张量场的表达式：

$$R_{kj} - \partial_i \Gamma^i_{jk} - \partial_j \Gamma^i_{ik} + \Gamma^s_{jk}\Gamma^i_{is} - \Gamma^s_{ik}\Gamma^i_{js} \tag{5}$$

同样地，我们只给出非零项：

$$
\begin{aligned}
R_{00} &= \partial_i \Gamma^i_{00} - \partial_0 \Gamma^i_{i0} + \Gamma^s_{00}\Gamma^i_{is} - \Gamma^s_{i0}\Gamma^i_{0s} \\
&= 0 - \partial_0 \Gamma^i_{i0} + 0 - \Gamma^s_{i0}\Gamma^i_{0s} \\
&= -\partial_0\left(\frac{\dot{a}}{a} + \frac{\dot{a}}{a} + \frac{\dot{a}}{a}\right) - \left(\left[\frac{\dot{a}}{a}\right]\left[\frac{\dot{a}}{a}\right] + \left[\frac{\dot{a}}{a}\right]\left[\frac{\dot{a}}{a}\right] + \left[\frac{\dot{a}}{a}\right]\left[\frac{\dot{a}}{a}\right]\right) \\
&= -3\frac{\ddot{a}}{a}
\end{aligned}
\tag{6}
$$

$$
\begin{aligned}
R_{11} &= \partial_i \Gamma^i_{11} - \partial_1 \Gamma^i_{i1} + \Gamma^s_{11}\Gamma^i_{is} - \Gamma^s_{i1}\Gamma^i_{1s} \\
&= \partial_0 \Gamma^0_{11} - 0 + \left(\Gamma^0_{11}\Gamma^1_{10} + \Gamma^0_{11}\Gamma^2_{20} + \Gamma^0_{11}\Gamma^3_{30}\right) - \left(\Gamma^0_{11}\Gamma^1_{10} + \Gamma^1_{01}\Gamma^0_{11}\right) \\
&= (\dot{a}^2 + a\ddot{a}) + 3\dot{a}^2 - 2\dot{a}^2 \\
&= 2\dot{a}^2 + a\ddot{a}
\end{aligned}
\tag{7}
$$

类似地，得到：

$$R_{22} = R_{33} = 2\dot{a}^2 + a\ddot{a} \tag{8}$$

至此，第 1 题解答完毕。

1　同样，该词条是数学词条，故拉丁字母也是遍历空间和时间指标的。

第 2 题

首先回顾爱因斯坦场方程的形式：

$$R_{\mu\nu} - \frac{1}{2}Rg_{\mu\nu} = 8\pi GT_{\mu\nu} \tag{9}$$

其中$R_{\mu\nu}$、$g_{\mu\nu}$和$T_{\mu\nu}$都给出了，为了解方程，我们还需要算出R。

$$\begin{aligned}
R &= R_{\mu\nu}g^{\mu\nu} \\
&= -R_{00} + \frac{1}{a^2}R_{ii} \\
&= 3\frac{\ddot{a}}{a} + 6\frac{\dot{a}^2}{a^2} + 3\frac{\ddot{a}}{a} \\
&= 6\left(\frac{\ddot{a}}{a} + \frac{\dot{a}^2}{a^2}\right)
\end{aligned} \tag{10}$$

代入爱因斯坦场方程得到：

$$R_{\mu\nu} - 3\left(\frac{\ddot{a}}{a} + \frac{\dot{a}^2}{a^2}\right)g_{\mu\nu} = 8\pi GT_{\mu\nu} \tag{11}$$

记得令光速$c = 1$的技巧吗？这里的万有引力常数G也是一个常数，所以也可以通过选择适当的单位，使得$8\pi G = 1$，从而把场方程简化为

$$R_{\mu\nu} - 3\left(\frac{\ddot{a}}{a} + \frac{\dot{a}^2}{a^2}\right)g_{\mu\nu} = T_{\mu\nu} \tag{12}$$

方程两边都是对角矩阵，而且空间部分的三个元素都是相等的[1]，因此该场方程实际上等价于下面两个方程：

1　因为$R_{11} = R_{22} = R_{33}$，$g_{11} = g_{22} = g_{33}$，$T_{11} = T_{22} = T_{33}$。

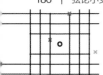

$$R_{00} - 3(\frac{\ddot{a}}{a} + \frac{\dot{a}^2}{a^2})g_{00} = T_{00} \qquad (13)$$

$$R_{11} - 3(\frac{\ddot{a}}{a} + \frac{\dot{a}^2}{a^2})g_{11} = T_{11} \qquad (14)$$

代入R_{00}、R_{11}、g_{00}、g_{11}、T_{00}和T_{11}的值后分别得到：

$$3\frac{\dot{a}^2}{a^2} = \rho \qquad (15)$$

$$\frac{\ddot{a}}{a} = -\frac{1}{2}P - \frac{1}{2}\frac{\dot{a}^2}{a^2} \qquad (16)$$

致　　谢

　　本书是我在斯德哥尔摩做博士后时开始写作的。本书的一些章节最早发布于知乎，得到了很多知乎网友的喜爱。在此感谢这些热心的网友。制作短视频后，我又认识了一些非常有意思、又非常聪明的中学生，特别是刘宇梦和柳俊含。他们使用本书学习，跟我和李松寒一起讨论，使本书的内容进步不少。我和这些中学生一起，从王一老师每周的直播中学到了不少知识，这些知识也让本书增色不少。此外，我还想感谢王一老师、李淼老师和严伯钧为本书撰写书评以及在我的科普之路上给予的支持和鼓励。另外感谢王政军博士为本书提出的修改意见。

周思益